Stefan Küthe | Monika Schuch

∽

Goethe für Manager

Unseren Familien
in Liebe und Dankbarkeit gewidmet

Stefan Küthe | Monika Schuch

Goethe
für Manager

Wie Sie einfach genial
Arbeit und Leben meistern

Bibliografische Information der Deutschen Bibliothek
Die Deutsche Bibliothek verzeichnet diese Publikation in der Deutschen Nationalbibliografie; detaillierte bibliografische Daten sind im Internet über http://dnb.ddb.de abrufbar.

ISBN 978-3-7093-0283-5

Es wird darauf verwiesen, dass alle Angaben in diesem Buch trotz sorgfältiger Bearbeitung ohne Gewähr erfolgen und eine Haftung der Autoren oder des Verlages ausgeschlossen ist.

Umschlag: buero8

© LINDE VERLAG WIEN Ges.m.b.H., Wien 2009
1210 Wien, Scheydgasse 24, Tel.: 0043/1/24 630
www.lindeverlag.at
Druck: Hans Jentzsch & Co. GmbH.
1210 Wien, Scheydgasse 31

Inhalt

Vorwort von Nikolaus B. Enkelmann

Willst du immer weiter schweifen?
Sieh, das Gute liegt so nah.
Lerne nur das Glück ergreifen,
Denn das Glück ist immer da.[1]

Nicht nur Manager suchen in der ganzen Welt nach Regeln und Gesetzen, auf die sie sich verlassen können. Dabei übersehen sie zu oft die Schätze, die in uns und in unserer Kultur liegen.
Aus diesem Grunde bin ich glücklich, dass endlich ein Buch erscheint, das uns zeigt, was die Welt im Innersten zusammenhält. Für mich ist das folgende Zitat von Goethe die beste Managementregel für eine erfolgreiche Zukunftsgestaltung:

Des Menschen größtes Verdienst bleibt wohl, wenn
er die Umstände so viel als möglich bestimmt und
sich so wenig als möglich von ihnen bestimmen lässt.
Das ganze Weltwesen liegt vor uns wie ein großer
Steinbruch vor dem Baumeister, der aber nur dann
den Namen verdient, wenn er aus diesen zufälligen
Naturmassen ein in seinem Geiste entsprungenes
Urbild mit der größten Ökonomie, Zweckmäßigkeit
und Festigkeit zusammenstellt.[2]

Dieser Weg führt zur Entfaltung unserer Persönlichkeit und ich bin froh, dass Stefan Küthe und Monika Schuch diese erste Gesetzmäßigkeit für persönlichen Erfolg in diesem außergewöhnlichen Buch beschreiben. Wie sagte Goethe so schön?

Volk und Knecht und Überwinder,
Sie gestehn zu jeder Zeit:
Höchstes Glück der Erdenkinder
Sei nur die Persönlichkeit.[3]

Und Goethe wird ganz konkret, indem er Faust feststellen lässt: „Im Anfang war die Tat." Sie erkennen hier die Bedeutung des tätigen Vorbilds als Führungstechnik.

Diese und viele andere Gedanken von Goethe haben mich inspiriert, das Wissen vom Menschen und seinen Möglichkeiten in meinen Seminaren immer wieder zu demonstrieren und zu lehren.

So habe ich vielen Menschen den Rat gegeben, den „Faust" auswendig zu lernen, denn das hat eine gewaltige Wirkung nach innen und nach außen.

Äußerst wertvoll für jeden Manager ist das Gespräch Goethes mit seinem engen Vertrauten, dem deutschen Dichter Johann Peter Eckermann, in dem Goethe feststellt: „Man lernt nur von einem Menschen, den man liebt" – der perfekte Rat zur Menschenführung!

Aus diesen und vielen anderen Gründen bin ich sicher, dass dieses Buch von Stefan Küthe und Monika Schuch ein großer Erfolg wird. Es sollte immer zur Hand sein, um darin zu lesen und zu studieren. Dieses Buch wird Sie stets aufs Neue inspirieren und zu den wertvollsten Büchern in Ihrem Leben werden.

Nikolaus B. Enkelmann
Königstein
www.enkelmann.de

Einleitung

In vielen Chefetagen liegen die Nerven blank. Die weltweite Finanz- und Wirtschaftskrise der Jahre 2008 und 2009 macht vielen Führungskräften im persönlichen Arbeitsumfeld und auch im Privatleben schwer zu schaffen: zu wenig Schlaf, ungesunde Ernährung, kaum Zeit für die Familie. Vier von fünf Führungskräften sagen, dass sich ihr beruflicher Leistungsdruck seit Ausbruch der Krise erhöht hat. Jeder Zweite muss deutlich härter arbeiten.[4]

Der eine oder andere mag sich in dieser Situation öfter als gewöhnlich die ganz persönliche Sinnfrage stellen. Es geht konkret darum, wie jeder Einzelne mit dieser Krise umgeht, wie er sich beruflich positioniert, welche Ziele er sich setzt, wie er sich organisiert, wie er sich motiviert, wie er seine Werte neu justiert – kurz: wie er wieder eine gesunde Balance in sein Leben bringt. Bei solch grundsätzlichen Fragen und Problemen kann Johann Wolfgang von Goethe zum Vorbild werden.

Goethe war nicht „nur" Dichter und Denker – er war ein Universalgenie, dem es gelang, seine unterschiedlichsten Tätigkeiten erfolgreich zu organisieren. Der große Dichterfürst war nebenbei auch noch Naturwissenschaftler, Theaterleiter, Maler, Politiker – und vielsprachig obendrein!

Und Goethe war in seinem langen Leben stets auch Manager. Souverän und zielstrebig verfolgte er seine Karriere und wurde in die höchsten Beratungs- und Verwaltungsgremien seines Herzogs Carl August berufen. Am Weimarer Hof war er Kammerpräsident (Finanzminister), leitete diverse Kommissionen und war von früh bis spät eingespannt.

Obwohl beruflich stark gefordert, war er trotzdem im hohen Maße schöpferisch tätig. Sein Werk wird zu den Höhepunkten der Weltliteratur gezählt, sein Selbstmanagement als vorbildlich empfunden. Worin genau bestand Goethes Lebenskunst und Lebensweisheit? Goethe beherrschte die hohe Kunst des Ausgleichs: Er verstand es, auch unter extremen Belastungen immer die Balance zwischen seinem Beruf und seinem Privatleben zu halten.

Aber nicht nur in seiner Work-Life-Balance ist Goethe vorbildlich. Von vielen weiteren Facetten seines Lebens gehen wertvolle Impulse und Anregungen – nicht nur für Manager – aus:

- Goethe selbst betrieb professionelles Zeitmanagement. Sonst hätte er die vielen Aufgaben, die tagtäglich anstanden, gar nicht bewältigen können.
- Er verstand die Menschen und sich selbst. Er besaß ein hohes Maß an Menschenkenntnis und Selbsterkenntnis.
- Die Persönlichkeitsentwicklung war für ihn ein wichtiges Thema und entsprechend viele Aussagen finden sich dazu in seinem Werk.
- Er war ein Erfolgsmensch ersten Ranges. Er erkannte früh den Nutzen von Networking und verstand es, durch den Aufbau und die Pflege tragfähiger Beziehungen in die ersten Reihen zu kommen.
- Er versuchte – insbesondere im Faust –, Antworten zu finden auf die große Frage: Was hält die Welt im Innersten zusammen? Diese Sinnfrage stellen sich viele Führungskräfte, die unter den Auswirkungen der weltweiten Finanz- und Wirtschaftskrise leiden und eine Identitätskrise durchleben.
- Er war in der Lage, sein Verhalten der jeweiligen Situation anzupassen und daraus Nutzen für sich zu ziehen.
- Er beschrieb die Spielarten der Liebe wie kein anderer – und konnte auch den Hass darstellen.

Am Ende seines Lebens konnte Goethe auf ein reiches Schaffens- und Arbeitsleben zurückblicken. Sein Vermächtnis ist nicht nur die Weltliteratur, die er geschaffen hat, sondern auch der darin enthaltene Schatz an Anregungen und Empfehlungen für ein erfülltes und ausgeglichenes Leben.
Diesen Schatz zu heben haben wir uns zum Ziel gesetzt. Dazu haben wir aus Goethes Gedichten, Dramen, epischen Werken, Theaterstücken, Briefen und Gesprächen prägnante Aussagen ausgewählt und thematisch gebündelt. Wir verbinden diese klugen Zitate mit praktischen Tipps, eindrücklichen Beispielen und interessanten aktuellen Zahlen. Dies ergibt ein höchst spannendes und unterhaltsames Flechtwerk aus alten (aber keinesfalls veralte-

ten) Weisheiten und neuen Ideen. Gerade unter dem Druck einer globalisierten Ökonomie werden Goethes Texte zur Wohltat und Inspirationsquelle. Wer mit täglich zunehmendem Stress, Entscheidungsdruck und Tempo konfrontiert ist und immer mehr Flexibilität, Effizienz und Leistung zeigen muss, wird gern ab und zu eine Denkpause einlegen und sich durch Goethes poetische Gedanken inspirieren lassen.

Die Fülle von Einzelthemen haben wir in vier große Hauptkapitel eingeteilt. Damit folgen wir einer Ordnung, die sich in der Trainer-Praxis von Stefan Küthe bewährt hat und großen Zuspruch findet: Am Anfang stehen die fünf Lebensbereiche Beruf, Finanzen, Gesundheit, Beziehungen und Werte, die nach Goethes Vorbild im Idealfall im Gleichgewicht stehen. Das ist die allererste, wichtigste Voraussetzung für ein erfülltes und erfolgreiches Leben. Im nächsten Kapitel steht die soziale Kompetenz im Mittelpunkt. Es geht darum, die zwischenmenschlichen Beziehungen und den Kontakt zum Kunden so professionell und kompetent wie möglich zu gestalten. Dazu sind neben dem Fachwissen eine Reihe von persönlichen Eigenschaften, Einstellungen, Fähigkeiten und Fertigkeiten notwendig, insbesondere im Bereich der Kommunikation. Wer von Termin zu Termin hetzt und mit seinem Zeitmanagement nicht zurecht kommt, dem seien Goethes Texte in Kapitel 3 empfohlen. Der große Dichterfürst war ein Profi in Sachen Zeitmanagement, die Zitate sind eine inspirierende Anti-Stress-Lektüre!

Und wo, bitte schön, geht's zum Erfolg? Das vierte Kapitel geht „in die Vollen", weil Goethe Themen wie Glaube, Gewohnheiten, Gedanken, Nachahmung, Motivation, Glück und Liebe häufig und gründlich reflektierte. Hier kommt das gesamte Spektrum von Goethes Lebensweisheit zum Tragen: „Wer immer strebend sich bemüht …", der kommt ans Ziel.

Erfolgreich sein und Karriere machen war zu Goethes Zeiten ebenso wie heute eine herausfordernde Beschäftigung. Entscheidend sind der Wille zu Leistung und Weiterbildung sowie eine unbeirrbare Zielstrebigkeit. Darum geht es schlussendlich: sich nicht von Widrigkeiten abschrecken zu lassen, strebend nach vorn zu blicken und seinen Weg zu gehen!

Noch einen Hinweis zum Gebrauch dieses Buches: Unsere Textauswahl erfolgte nicht nach poetischen oder literaturwissenschaftlichen Überlegungen. Vielmehr stand Goethe mit seiner Lebensweisheit und seinen Fähigkeiten als Geschäftsmann und Selbstmanager im Mittelpunkt. Wir ließen uns in erster Linie von der Frage leiten: „Was kann man von Goethe lernen?"

Goethe selbst wies darauf hin, dass sein Werk unterschiedlich interpretiert werden kann; wir haben diesen Spielraum für das Thema „Arbeit und Leben meistern" genutzt. Sie können auch selbst kreativ werden, indem Sie zunächst ein Goethe-Zitat für sich reflektieren und erst danach in den Text einsteigen.

Die zitierten Textpassagen sind mit Endnoten gekennzeichnet. Sie können in den Anmerkungen am Ende dieses Buches nachlesen, aus welchem Werk Goethes das jeweilige Zitat stammt; vielleicht legen Sie sich ja den einen oder anderen Goethe-Band zu? Manchmal ist nicht die vollständige Textpassage oder das vollständige Gedicht zitiert, weil das nicht in den Zusammenhang gepasst hätte. Die fehlenden Textteile haben wir aber durch Auslassungspunkte kenntlich gemacht.

Erfahren Sie selbst, welch treffende Worte Goethe für ganz aktuelle Themen parat hat. Sie werden erstaunt feststellen: Vieles, was vor mehr als 200 Jahren galt, gibt auch im modernen Leben großartige Impulse und wertvolle Anregungen.

Kapitel 1

Wie Sie Ihr Leben im Gleichgewicht halten

Ein erfülltes Leben ist geprägt von Ausgewogenheit in den fünf wichtigsten Bereichen, die Ihr Leben ausmachen: Beruf, Finanzen, Gesundheit, Beziehungen und Werte. Schenken Sie jedem einzelnen Bereich Beachtung und Aufmerksamkeit. „Alles hat sein Maß und Ziel", dies ist Goethes Version der modernen Work-Life-Balance. Demzufolge gehören zu einem glücklichen Leben private und berufliche Zufriedenheit. Die Themen Beruf, Berufung, Erfolg und Freude bei der Arbeit finden bei Goethe große Beachtung. Ist Ihnen bewusst, dass Sie rein rechnerisch den größten Teil Ihrer produktiven Lebenszeit bei der Arbeit verbringen? Da sind folgende Fragen von geradezu existenzieller Bedeutung: Sind Sie mit Begeisterung bei der Sache? Entspricht Ihr Beruf Ihren Begabungen und Talenten? Bringen Sie anderen Nutzen?

Schon Goethe wusste, dass Lernen kein Prozess ist, der mit der Ausbildung abgeschlossen ist, sondern lebenslang dauert. Außerdem bewies er, dass Reisen bildet: Allein seine berühmte Reise nach Italien inspirierte ihn so sehr, dass er dort bedeutende Werke schrieb oder bearbeitete.

Auch in Fragen rund ums Geld ist Goethe ein kompetenter Ratgeber. Immerhin war er Finanzminister am Weimarer Hof und hatte einen ausgeprägten Sinn fürs Geld: „Ein gesunder Mensch ohne Geld ist halbkrank." Doch es genügt nicht, einfach nur Geld zu scheffeln und Reichtum anzustreben. Wichtig ist, dass Ihnen Ihre Tätigkeit Freude bereitet und Ihren Talenten entspricht. Erfolg und Wohlstand stellen sich dann automatisch ein.

Fragen Sie sich: Wie ist meine innere Einstellung zu Geld? Denken und handeln Sie einfach wie erfolgreiche Menschen. Wenn Sie einen gewissen Wohlstand erreicht haben, sollten Sie sich weiterhin bewusst sein: Geld ist nicht alles, aber es hilft ungemein. Also geben Sie nicht gleich alles mit vollen Händen aus, sondern sparen Sie – und investieren Sie in Ihr Wissen.

Schlussendlich gehört nach Goethe zum Nehmen immer auch Geben: „Soll es reichlich zu dir fließen, reichlich andre lass genießen." Das ist ein bewährtes Prinzip, um an Reichtum zu gelangen.

„Das höchste Glück auf Erden ist gesund zu werden." Dies schrieb einer, der es wissen musste: Goethe durchlebte immer wieder Depressionen, Krisen und sogar eine lebensbedrohliche Krankheit. Daher geht es in diesem Abschnitt um die Gesundheit und die Grundregeln des gesunden Lebens. Hier ist nicht nur die Gesundheit des Körpers gemeint, sondern auch das Wohlbefinden von Geist und Seele. Stress, Angst, Kummer, Sorgen und negative Gedanken beeinträchtigen das Wohlgefühl, blockieren und mindern die Leistungsfähigkeit. Goethe hat auch hier treffende Worte parat, wie Sie damit umgehen können.

Kein anderer beschrieb die Liebe so wie Goethe. Das spiegelt sich in vielen seiner Werke wider. Die Themen Liebe, Partnerschaft, Kinder und Freundschaft kommentierte er ausführlich. Ehe und Partnerschaft sind eine überragende Glücksquelle, aber man muss auch eine Streitkultur pflegen. Dass wahre, treue Freunde durch nichts zu ersetzen sind, versteht sich von selbst. Goethe schrieb von Freundschaften und Netzwerken. Meisterhaft verstand er es, durch Kontakte und Beziehungen vorwärtszukommen. Seine Empfehlungen sind auch heute topaktuell.

Um die Urfrage des Menschen nach dem Sinn des Lebens geht es im letzten Abschnitt des ersten Kapitels. Schon die großen Philosophen der Antike, angefangen bei Plato, sind dieser Frage nachgegangen und für den Dramatiker Goethe war sie ein zentrales Thema. Wir können an dieser Stelle nur ein paar Aspekte herausgreifen, doch diese geben wertvolle Anregungen für Ihre ganz persönlichen Überlegungen „Was ist der Sinn des Lebens?" und „Nach welchen Werten möchte ich leben?". Denn: Ihre Handlungsgrundsätze wirken wie Leitplanken auf dem Weg zu Ihren Zielen. Seien Sie sich im Klaren darüber, nach welchen Prinzipien und Werten Sie Ihr Denken und Handeln ausrichten.

Leben in Balance mit Maß und Muße

Das größte Unglück ist die Eile.[5]

Viele Menschen eilen von einem Termin zum anderen und erklimmen Stufe für Stufe die Karriereleiter, um dann festzustellen, dass ihr Leben in rasender Geschwindigkeit an ihnen vorbeizieht. Überrascht stellen sie fest, dass die Kinder schon groß sind – falls sie überhaupt welche haben. Diese Menschen funktionieren zwar, aber sie leben nicht.

Nur klugtätige Menschen, die ihre Kräfte kennen
und sie mit Maß und Gescheitheit benutzen, werden
es im Weltwesen weit bringen.[6]

Sie geben alles für Beruf und Wohlstand, die anderen lebenswichtigen Bereiche siechen aber vor sich hin. Gesundheit, Familie und Freunde sowie der Sinn des Lebens und die Werte, nach denen zu leben sich lohnt. Geschiedene Top-Manager mit dicken Bäuchen, die nur am Wochenende ihre Kinder sehen und kurz vor dem Ausbrennen stehen, sind Legion.

Alles hat sein Maß und Ziel.[7]

Wer schlau ist, lernt sich und seine Kräfte richtig einzuschätzen. Streben Sie danach, Ihre Energie gleichmäßig auf Ihre fünf wichtigsten Lebensbereiche zu verteilen. Dies ist das Sinnvollste, was Sie für sich, Ihr Umfeld und Ihren Erfolg tun können.

Abwechslung ohne Zerstreuung wäre für Lehre und
Leben der schönste Wahlspruch, wenn dieses löbliche
Gleichgewicht nur so leicht zu erhalten wäre![8]

Je eher Sie damit beginnen, Ihre Lebensbereiche auszubalancieren, desto früher wird jeder dieser Bereiche dem anderen dienen und Ihre Lebensqualität erhöhen. Wenn Sie beispielsweise regelmäßig laufen gehen oder eine andere Sportart betreiben, wirkt sich dies auf Ihre Vitalität im Beruf aus. Und wenn Sie häufig etwas mit Ihrer Familie unternehmen und sich mit Ihren Freunden treffen, hat das nachweislich einen positiven Einfluss auf Ihre Gesundheit und innere Ausgeglichenheit. Die hohe Kunst des Selbstmanagements besteht darin, die Lebensbereiche Beruf, Finanzen, Gesundheit, Familie und Freunde sowie Sinn und Werte annähernd ins Gleichgewicht zu bringen und dort zu halten.

Vom Beruf zur Berufung – arbeiten mit Erfolg und Freude

Das Genie in Ihnen – Talente erkennen und entwickeln

Je früher der Mensch gewahr wird, dass es ein Handwerk, daß es eine Kunst gibt, die ihm zur geregelten Steigerung seiner natürlichen Anlagen verhelfen, desto glücklicher ist er ...[9]

Michael Schumacher fuhr bereits als Vierjähriger mit einem Kart, einer Art Formel-1-Wagen für Kinder. Seine Eltern und Förderer hatten früh sein Talent am Steuer erkannt. Er hat es ihnen mit sieben Weltmeistertiteln gedankt. „Meine Arbeit ist mein Vergnügen", war und ist sein Motto.

Wenn Sie Ihr Talent erkennen und entwickeln, dann macht Ihnen Ihre Arbeit Spaß. Sie werden deutlich erfolgreicher sein als diejenigen, die sich nur an Berufstrends orientieren und ihre natürlichen Anlagen ignorieren. Und glücklicher obendrein.

Große Talente sind selten, und selten ist es, daß sie sich selbst erkennen.[10]

Falls Ihre Eltern und Ihr Umfeld Ihr Talent nicht erkannt haben, dann ist das nicht weiter schlimm. Schlimm wäre es nur, wenn Sie selbst Ihre Talente nicht entdeckten.

Was haben Sie als Kind gern gemacht? Die Antwort auf diese Frage bringt Ihnen wichtige Impulse für Ihre wahren Talente. Finden Sie die Dinge heraus, die Ihnen leicht von der Hand gehen und Spaß machen. Je eher Sie das wissen, desto eher werden Sie Erfolg in Ihrem Beruf haben. Je eher Sie damit beginnen, desto besser für Sie und Ihr Umfeld. Wie lange wollen Sie noch warten, Ihr Leben in die eigene Hand zu nehmen?

Es schadet nichts, wenn Starke sich verstärken.[11]

Warum mühen Sie sich ab, um Ihre Schwächen zu schwächen? Was für eine Vergeudung! Sie investieren Zeit und Geld in einen Bereich, der ganz offensichtlich nicht der Ihre ist, um am Ende nicht mehr schwach, sondern vielleicht mittelmäßig auf diesem Gebiet zu sein.

Wie viel sinnvoller ist es da, die eigenen Stärken zu erkennen und zu fördern: Zum einen sind Sie glücklicher und zufriedener und zum anderen sind Sie am Ende nicht nur stark, sondern exzellent auf Ihrem Gebiet.

„Die eigenen Stärken stärken" ist das Motto der Gewinner – richten Sie Ihr Leben konsequent auf Ihre Stärken aus.

Ein Talent wird nicht geboren, um sich selbst überlassen zu bleiben, sondern sich zur Kunst und guten Meistern zu wenden, die denn etwas aus ihm machen.[12]

Entwickeln Sie Ihr Talent und setzen Sie es praktisch ein. Es spielt dabei keine Rolle, ob Sie mit Freude kochen, Zahlen lieben oder gern Menschen führen: Wenn Sie ein begnadeter Koch sind, werden Sie langfristig nur als Koch glücklich. Wenn Sie eine große Leidenschaft für Zahlen haben, werden Sie langfristig zum Beispiel nur als Kaufmann glücklich. Und wenn Sie gern Menschen führen, werden Sie langfristig nur als Führungskraft zufrieden und ausgefüllt sein.

Sobald Ihnen klar ist, in welchem Bereich Sie wirklich stark sind, wenden Sie sich an diejenigen Menschen und Unternehmen, die auf diesem Gebiet erfolgreich sind. Gehen Sie zu denen, die Ihr Talent erkennen und Sie auf Ihrem Weg unterstützen und fördern.

> *Denn wenn ein guter Mensch mit Talent begabt ist,*
> *so wird er immer zum Heil der Welt sittlich wirken,*
> *sei es als Künstler, Naturforscher, Dichter, oder was*
> *alles sonst.*[13]

Wenn Sie glücklich und mit Ihrem Leben im Reinen sind, tun Sie das Beste, was Sie für sich und Ihr Leben tun können. Jeder, der mit sich und seiner Welt im Einklang ist, hat seinen Frieden. Je eher Sie damit beginnen, in Ihr eigenes Talent und dessen Förderung zu investieren, desto eher entwickeln Sie sich zu Ihrem Vorteil und zum Wohle des Ganzen.

> *Wer das Vortreffliche leisten will, welches nach allen*
> *Seiten hin unendlich ist, soll es nicht, wie Gott und*
> *die Natur wohl tun dürfen, auf mancherlei Wegen es*
> *versuchen. Daher will man, daß ein Talent, das sich*
> *in einem gewissen Feld hervortat, dessen Art und*
> *Weise allgemein anerkannt und beliebt ist, aus*
> *seinem Kreise sich nicht entferne oder gar wohl in*
> *einen weit abgelegenen hinüberspringe.*[14]

Üben Sie sich geduldig darin, Ihr Talent zur Extraklasse zu entwickeln. Viele probieren mal dies und mal das aus und verzetteln sich. Konzentrieren Sie sich auf Ihre Stärken und bauen Sie diese konsequent aus: So überflügeln Sie auch diejenigen, denen das Leben vergleichbare Anlagen mit auf den Weg gegeben hat, die aber nichts oder nur wenig daraus machen.

Zutrauen hebt auch das schwächste Talent empor.[15]

Vertrauen Sie sich selbst und haben Sie Vertrauen in Ihre Talente. Sie wissen ja, dass Rom auch nicht an einem Tag erbaut wurde. Häufen Sie rund um Ihr Talent Wissen an und beginnen Sie, es in die Tat umzusetzen: Das ist das Fundament für Ihren Erfolg!

Ihre Fachkompetenz – alles, was Sie über Ihr Fach wissen sollten

Nichts im Leben, außer Gesundheit und Tugend, ist schätzenswerter als Kenntnis und Wissen … [16]

Soft Skills sind in aller Munde. Umfragen bestätigen regelmäßig, dass sich Personalchefs immer stärker an persönlichen, sozialen und methodischen Kompetenzen der Bewerber orientieren. Was dabei oft vergessen wird: Sie können noch so viel soziale Kompetenz haben – ohne Fachwissen geht gar nichts! (Das gilt umgekehrt aber genauso.) Dies bestätigt eine repräsentative Umfrage des Deutschen Industrie- und Handelskammertages (DIHK) bei 2.154 Unternehmen. Für 82 Prozent der befragten Chefs ist demnach fundiertes fachspezifisches Wissen sehr wichtig.

Das heißt: Sie müssen sich erst einmal die erforderlichen Fertigkeiten und Kenntnisse durch eine Ausbildung oder Fortbildung aneignen. Fachwissen ist die Voraussetzung, damit Sie berufstypische Aufgaben selbstständig und eigenverantwortlich bewältigen können. Außerdem werden Sie von Ihren Mitarbeitern nur dann voll als Führungskraft akzeptiert, wenn Sie über ein fundiertes Fachwissen verfügen. So gesehen ist Wissen die Eintrittskarte für Ihren beruflichen Erfolg!

Jedes Wissen fordert ein zweites, ein drittes und immer sofort; wir mögen den Baum in seinen Wurzeln oder in seinen Ästen und Zweigen verfolgen, eins ergibt sich immer aus dem andern,

und je lebendiger irgendein Wissen in uns wird,
desto mehr sehen wir uns getrieben, es in seinem
Zusammenhange auf- und abwärts zu verfolgen.[17]

Überlegen Sie einmal: Wie haben Sie sich Ihr Fachwissen, das Sie täglich in Ihrem Beruf einsetzen, angeeignet? Sicherlich über einen oder mehrere der folgenden Wege: Ausbildung, Studium, Seminare, Weiterbildungen und Lesen von Fachbüchern.
Wenn Sie einen Beruf ausüben, der Ihren Talenten und Begabungen entspricht, werden Sie das Gefühl kennen: Eine neue Aufgabenstellung, ein neues Thema oder ein Problem taucht auf und Sie sind plötzlich total gefesselt. Sie müssen sofort mehr wissen, holen sich Informationen, recherchieren im Internet, sprechen mit Experten und möchten so viel wie möglich erfahren. Ihr Fachwissen reicht zwar aus, um die Fragestellung einzuordnen. Doch jetzt müssen Sie sich weiter schlau machen. Je lebendiger Ihr Wissen ist, umso größer ist Ihr Verlangen, mehr zu erfahren.

Bei Erweiterung des Wissens macht sich von Zeit zu
Zeit eine Umordnung nötig; sie geschieht meistens
nach neueren Maximen, bleibt aber immer proviso-
risch.[18]

Vorbei sind die Zeiten, in denen die Ausbildung und die Berufstätigkeit zwei in sich abgeschlossene Lebensphasen waren. Diese beiden Phasen wechseln sich heute bei den meisten Menschen ab. Die Lebensläufe des Einzelnen haben sich so stark gewandelt und die Veränderungen in unserer Welt sind so rasant, dass die Ausbildungsphase sehr lange dauert – in der Regel lebenslänglich! Ob Kundenberater, Verkäufer, Manager, Rechtsanwalt – dauerhaft erfolgreich kann nur der sein, der sich lebenslanges Lernen auf die Fahnen schreibt und somit immer up to date bleibt.
Am besten werden Sie gleich heute noch aktiv und investieren in Ihr Wissen: Buchen Sie ein passendes Seminar, das Sie schon immer besuchen wollten, absolvieren Sie eine Zusatzausbildung und lesen Sie Fachlektüre.

Je mehr man durchdrungen ist von dem Werte der Bildung, ... desto mehr lernt man nach und nach einsehen, daß ein ganzes Leben dazu gehört, sie recht zu verstehen und also gründlich zu nutzen.[19]

Haben Sie schon einmal überlegt, wie Ihr Fachgebiet und Ihre Branche, in der Sie jetzt arbeiten, in fünf Jahren aussehen werden? Eines ist sicher: Jahr für Jahr veralten rund 20 Prozent Ihres Fachwissens. Der Grund? In unserer informations- und technologiegeprägten Gesellschaft schreiten die Veränderungen rasant voran. Was heute noch auf dem neuesten technischen Stand ist, kann in wenigen Jahren völlig veraltet sein. Denken Sie nur an die Entwicklungen in der Computer- und Handy-Branche.

Was heißt das für Sie konkret? Richtig! Auch Sie müssen Ihr Fachwissen ungefähr alle fünf Jahre verdoppeln, um Ihr Niveau zu halten! Möchten Sie allerdings wachsen und dazulernen, müssen Sie noch mehr tun. Um in Ihrem Beruf erfolgreich zu sein, müssen Sie also Ihr Fachwissen ständig pflegen.

Genieße das Leben auf der Reise, und ziehe hin, wo du es vergnüglich und nützlich findest ... die beste Bildung findet ein gescheiter Mensch auf Reisen.[20]

Reisen bildet! Das machte Goethe vor. Wohl am bekanntesten ist seine Reise nach Italien in den Jahren 1786 bis 1788. Unter dem intensiven Eindruck der antiken Kunst reifte in dem Dichter das Gedankengut der Klassik heran und er schrieb und bearbeitete dort bedeutende Werke.

Bücherstudium, Seminare, Expertenaustausch, Zusatzausbildungen – schön und gut. Aber vergessen Sie nicht, Ihren Horizont auch auf andere Weise zu erweitern – das kommt indirekt Ihrem Fachwissen zugute. Auf Reisen gewinnen Sie Abstand vom Alltagsgeschehen und erhalten ganz neue Eindrücke von anderen Ländern, Menschen und Sitten. Ihr Kopf wird frei, es entsteht Platz für kreative Gedanken und Sie erfahren eine gewaltige Inspiration für Ihren beruflichen Alltag.

Eines recht wissen und ausüben, gibt höhere Bildung als Halbheit im Hundertfältigen.[21]

Sie haben Ihre Stärken und Talente erkannt, Sie wissen, welcher Beruf der richtige für Sie ist und auf welchem Gebiet Sie erfolgreich sein wollen? Dann investieren Sie genau in diesen Bereich und eignen sich jegliches verfügbare Fachwissen an! Scheuen Sie keine Investitionen und keine Mühen, um zum Spezialisten zu werden. Viele erfolgreiche Menschen machen es uns vor: Durch ihr exzellentes Fachwissen auf einem bestimmten Gebiet (eine Branche, ein Produkt, eine Zielgruppe etc.) positionieren sie sich als Spezialisten. Durch ihr klar abgegrenztes Fachgebiet können sie höchst produktiv und effektiv arbeiten – weil sie durch die Konzentration auf eine Sache nicht Gefahr laufen, sich zu verzetteln. Sie sind in der Lage, immer die besten Lösungen für ihre Kunden parat zu haben. Über den Nutzen, den sie anderen bringen, stellt sich der Erfolg automatisch ein!

Die „Halbheit im Hundertfachen" wird dann gefährlich, wenn jemand vorgibt, auf vielen Gebieten Bescheid zu wissen, tatsächlich aber nur über Halbwissen verfügt! In kaum einem Bereich gibt es so viele verblüffende, erschreckende und unglaubliche Halbwahrheiten und Vorurteile wie im Bereich der Medizin und Ernährung. Aussagen wie „Ein Schlaganfall kommt wie ein Blitz aus heiterem Himmel" und „Bakterien machen krank" sind falsch. Doch Essen, Trinken und Gesundheit sind ein weites Feld für Erklärungen und Ratschläge. Kaum ein Internetportal und kaum eine Zeitung oder Zeitschrift kommen ohne „Gesundheitsnews" aus. Da werden schnell mal (falsche) Thesen und Irrtümer übernommen und weitergegeben.[22]

Ihr Erfolgsgarant im Beruf:
anderen optimalen Nutzen bieten

> *Trachte jeder überall, sich und andern zu nutzen!*
> *so ist dies nicht etwa Lehre noch Rat, sondern der*
> *Ausspruch des Lebens selbst.*[23]

Der Hamburger Kaufmann Max Herz und sein Geschäftspartner Carl Tchiling erkannten kurz nach dem Zweiten Weltkrieg, dass es in Deutschland einen riesigen Bedarf an Kaffee gab. Es existierten allerdings nur wenige Anbieter. Mit ihrer Geschäftsidee, Röstkaffee per Post zu versenden, revolutionierten sie den Kaffeemarkt. Damals konnten die Kunden als Kaffee-Verpackungen eine Dose oder einen Taschentuch- beziehungsweise Geschirrtuchbeutel wählen: Damit erhielten sie nicht nur den begehrten Kaffee, sondern auch rare und praktische Artikel, die sie sehr gut im Haushalt nutzen konnten.

Den Kunden den optimalen Nutzen bieten, das war der Grundstein für den Erfolg des Tchibo-Konzerns, der heute zu den bekanntesten Unternehmen in Deutschland zählt.

> *Wer nichts für andre tut,*
> *tut nichts für sich.*[24]

Positiv formuliert heißt das: Wer etwas für andere tut, der tut auch etwas für sich. Bieten Sie anderen – Ihren Kunden, Mitarbeitern, Kindern, dem Partner – mit Ihren Leistungen größeren Nutzen, als diese üblicherweise erwarten. Das ist die Basis Ihres beruflichen, finanziellen und privaten Erfolgs. Fragen Sie sich: Welche Probleme der anderen kann ich mit dem, was ich ohnehin gern mache, sinnvoll lösen?

Sie selbst profitieren am meisten davon: Je mehr Menschen Sie einen überdurchschnittlich großen Nutzen bieten und sie damit erfolgreich machen, desto mehr Menschen werden Ihre Leistungen honorieren und Sie bei Ihren Zielen unterstützen.

Du willst nach deiner Art bestehn,
Mußt selbst auf deinen Nutzen sehn!
Dann werdet ihr das Geheimnis besitzen,
Euch sämtlich unter einander nützen;
Doch den laßt nicht zu euch herein,
Der andern schadet, um etwas zu sein.[25]

Gelegentlich wird im Geschäftsleben der Schaden des anderen um des eigenen Vorteils willen in Kauf genommen: Gerüchte werden in die Welt gesetzt, Kollegen und Mitarbeiter werden denunziert, um damit den eigenen Posten zu verteidigen oder selbst aufzusteigen. Dieses Vorgehen wird sogar von einigen Unternehmern und Managern als Führungsqualität und Durchsetzungsstärke betrachtet. Richtig ist, dass diese Methoden der Anfang vom Ende jedes erfolgreichen Unternehmens sind.

Sorgen Sie dafür, dass es solche Praktiken in Ihrem Unternehmen nicht gibt. Unterscheiden Sie sehr genau zwischen dem Eigennutz, den Sie erzielen, indem Sie anderen nutzen, und arglistiger Gewissenlosigkeit, die andere benachteiligt. Genau dieser feine Unterschied ist es, der langfristigen Erfolg oder Misserfolg verursacht.

Wenn jeder nur als Einzelner seine Pflicht tut und
jeder nur in dem Kreise seines nächsten Berufes brav
und tüchtig ist, so wird es um das Wohl des Ganzen
gut stehen.[26]

Was ist das Sinnvollste, das jeder für sich und die Menschheit tun kann? Die eigenen Talente und Stärken erkennen, diese Anlagen im Studium oder in der Berufsausbildung aus- und weiterentwickeln und dann seine Energie auf eine entsprechende Aufgabe konzentrieren und täglich sein Bestes geben. Wenn jeder Einzelne so denken und handeln würde, hätte die Welt einen großen Schritt nach vorn getan. Seien Sie Vorbild und fangen Sie heute schon damit an.

Ihre Finanzen – Geld allein macht nicht glücklich

*Mit Unrecht hält man die Menschen für Toren,
welche in rastloser Tätigkeit Güter auf Güter zu
häufen suchen; denn die Tätigkeit ist das Glück,
und für den, der die Freuden eines ununter-
brochenen Bestrebens empfinden kann, ist der
erworbene Reichtum ohne Bedeutung.*[27]

Beim Thema Reichtum scheiden sich die Geister: Die einen behaupten, Geld allein mache nicht glücklich, die anderen sagen,
ohne Geld sei alles nichts. Wer Reichtum nur am Geld festmacht,
greift ohnedies zu kurz. Ihr Wohlstand ist keine Frage des Geldes,
er hängt vielmehr von Ihrer geistigen Einstellung ab.

Für Reichtum – wie auch für die vier anderen Lebensbereiche – gilt
das bekannte Gesetz von Ursache und Wirkung (mehr zu diesem
Gesetz finden Sie auf Seite 131 ff.). Es besagt, dass jede Wirkung
(zum Beispiel ein reichlich gefülltes Konto) einer Ursache (zum
Beispiel eine Aufgabe, die Sie lieben und die Sie glücklich macht)
folgt. Je mehr Sie in Ihrem Beruf aufgehen, desto fundierter ist Ihr
Fachwissen, umso besser werden Sie dafür bezahlt. Dieses Geld
spielt dann allerdings nur eine untergeordnete Rolle.

Sie wollen gern reich sein? Nun gut, dann tun Sie etwas, das Ihnen Freude macht!

Denken und Handeln wie die Erfolgreichen

*Armut ist die größte Plage,
Reichtum ist das höchste Gut!*[28]

Ihr Kontostand sagt sehr deutlich etwas über Ihre innere Einstellung aus, wie Sie über Geld denken: Menschen, die ein Vermögen
gemacht haben (und nicht etwa geerbt), sind immer auch geistig
reich und vertrauen sich selbst. Eine Faustregel besagt: Ihr Reich-

tum ist immer in etwa so groß wie Ihr Selbstvertrauen. Wie reich sind Sie und wie groß ist Ihr Glaube an sich selbst? (Mehr zum Thema Selbstvertrauen finden Sie auf Seite 69 ff.)

Reiche Menschen gestalten voller Fantasie ihr Leben, Arme sind meist Opfer der Umstände. Reiche konzentrieren sich auf ihre Chancen, Arme nehmen in erster Linie Probleme wahr. Reiche handeln mutig trotz ihrer Furcht, Arme lassen sich oft von ihrer Angst beeinträchtigen.

> *Es ist nicht genug, daß man Talent habe, es gehört*
> *mehr dazu, um gescheit zu werden; man muß auch*
> *in großen Verhältnissen leben und Gelegenheit*
> *haben, den spielenden Figuren der Zeit in die*
> *Karten zu sehen und selber zu Gewinn und Verlust*
> *mitzuspielen.[29]*

Wie kommen Sie am schnellsten zu Reichtum? Indem Sie in einem ersten Schritt ausfindig machen, wie vermögende Menschen denken und was sie für ihren Reichtum tun. Im zweiten Schritt tun Sie es den Reichen gleich: Sie denken und handeln reich. Sich an Experten auszurichten und sie nachzuahmen wird „Modeling of Excellence" genannt (mehr dazu auch auf Seite 129). Wenn Sie keinen Reichtum-Profi persönlich kennen, kaufen Sie sich Fachliteratur, zum Beispiel Autobiografien von Menschen, die es vom Tellerwäscher bis zum Millionär gebracht haben. Napoleon Hill beispielsweise präsentiert in seinem Klassiker zum Thema Wohlstand, *Denke nach und werde reich,* die Lebensregeln von rund 500 außergewöhnlich erfolgreichen Menschen. Lassen Sie sich davon inspirieren und stellen Sie anschließend Ihren eigenen Wohlstandsplan auf.

> *Du trägst sehr leicht, wenn du nichts hast;*
> *Aber Reichtum ist eine leichtere Last.[30]*

Es gibt Menschen, denen sind Geldangelegenheiten zu profan. Sie ziehen es vor, sich in geistigen Sphären zu bewegen, und warnen diejenigen vor dem Verlust der Freiheit, die sich zu sehr am Geld orientieren; nur leichtes Gepäck mache frei. Nun kommt es aber vor, dass gerade *diese* Menschen sich gern mal eben ein Auto oder einen Schein borgen – sind diese Menschen wirklich frei? Was halten Sie von der Idee, Geld tatsächlich nicht zu wichtig zu nehmen, sondern es als erleichternde Kraft in Ihrem Leben einzusetzen, zum Beispiel um Ihre Wünsche und Ziele zu erfüllen?

Sparen und Investieren

> *Wir wollen alle Tage sparen.*
> *Und brauchen alle Tage mehr.*[31]

Sie möchten Geld also zur unterstützenden Kraft in Ihrem Leben machen? Da hilft Ihnen nur eins: Sparen! Allerdings gelingt es den meisten Menschen selbst bei steigendem Einkommen nicht, nennenswerte Rücklagen zu bilden. Zu schnell gewöhnen sie sich an das zusätzliche Geld, der Lebensstandard steigt und die Sparquote schrumpft. Dabei macht Sie nicht das reich, was Sie bekommen, sondern das, was Sie behalten! Es spielt keine Rolle, ob Sie Groß- oder Geringverdiener sind, wichtig ist nur, dass Sie mehr einnehmen, als Sie ausgeben: Diesen Differenzbetrag können Sie sparen – das ist das Grundgesetz für alle, die finanzielle Freiheit anstreben.

> *Ordnung und Klarheit vermehrt die Lust zu sparen*
> *und zu erwerben.*[32]

Wenn Sie 40.000 Euro monatlich verdienen und 45.000 Euro ausgeben, können Sie kein Vermögen aufbauen. Bekommen Sie 2.500 Euro und geben 2.200 Euro davon aus, können Sie 300 Euro sparen.

Überweisen Sie schon am Monatsanfang mindestens 10 Prozent Ihres Einkommens auf ein Extrakonto und sparen Sie 50 Prozent von jeder Gehaltserhöhung – das ist die Basis für Ihr zukünftiges Vermögen.

Jedes Bonmot, das ich sage, kostet mir eine Börse von
Gold; eine halbe Million meines Privatvermögens ist
durch meine Hände gegangen, um das zu lernen,
was ich jetzt weiß.[33]

Investieren Sie Ihr Leben lang Zeit und Geld in Wissen, so erzielen Sie die größtmögliche Rendite. Was Sie mit Schule und Universität beginnen, setzen Sie mit Lesen, Training und Coaching im Berufsleben fort. Das bezieht sich sowohl auf Ihr spezielles Fachgebiet als auch auf die in diesem Buch beschriebenen Lebensbereiche Beruf, Finanzen, Gesundheit, Beziehungen und Wertesystem.

Fragen Sie Experten nach deren Lieblings-Fachbüchern und lesen Sie täglich die empfohlene Lektüre. So erhalten Sie komprimiertes Spezialwissen für wenig Geld.

Allerdings können Sie in einem Buch wohl lesen, wie Sie als Nichtschwimmer das Schwimmen erlernen, jedoch ist damit nicht gewährleistet, dass Sie sich dann im weiten Meer tatsächlich über Wasser halten. Die Praxis zeigt, dass Sie in Einzelcoachings auf der einen Seite zwar „eine Börse von Geld" investieren, aber auf der anderen Seite unterstützt und ermutigt werden von einem Profi, der sich ganz auf Sie und das Erreichen Ihrer Ziele konzentriert.

Geben und Nehmen

Soll es reichlich zu dir fließen,
Reichlich andre laß genießen.[34]

Wenn Sie von Körper und Geist Höchstleistungen erwarten, müssen Sie ihm zuerst hochwertige Nahrung und genügend Sauerstoff geben. Dieses einfache Prinzip von Ursache und Wirkung gilt auch für Ihre Geldangelegenheiten: Wenn Sie mehr Geld haben möchten, sollten Sie zuerst freudig geben: Wir können nur empfangen, wenn wir zuerst anderen Nutzen bringen.

Mann mit zugeknöpften Taschen,
Dir tut keiner was zulieb:
Hand wird nur von Hand gewaschen,
wenn Du nehmen willst, so gib![35]

Aus der Psychotherapie ist bekannt, dass *ein* Weg zum Glück über das Glück anderer Menschen führt: Machen Sie andere glücklich! Einfach nur Geld zu besitzen und es zu horten macht sicher nicht glücklich, sondern eher einsam. Setzen Sie Ihr Geld sinnvoll ein. Geben Sie anderen etwas von Ihrem Reichtum ab und spenden Sie zum Beispiel für die SOS-Kinderdörfer. Dann signalisieren Sie Ihrem Unterbewusstsein, dass Sie wahrhaft reich sind und in Fülle leben – im Ergebnis fühlen Sie sich wertvoll. Und es ist nicht nur das glückliche Gefühl, das Sie zurückerhalten. Sie erfahren auch das Phänomen, dass Sie auf lange Frist über mehr Geld verfügen als zuvor, einfach aufgrund Ihres gesteigerten Selbstwertgefühls.

Gesunder Mensch ohne Geld
Ist halb krank.[36]

Pflanzenfett statt Käse, gepresstes Fischeiweiß statt Garnelen, gummiartiges Stärke-Gel statt Schinken – immer mehr Lebensmittelhersteller sparen bei ihren Produkten an Originalzutaten und setzen dafür immer öfter die billigeren Ersatzstoffe ein. Den schwarzen Peter für diese ungesunde Entwicklung reichen die Hersteller an die Käufer durch: Die meisten Menschen gäben ohnehin nicht gern Geld für Essen aus – und je höher Kurzarbeit und Arbeitslosigkeit, desto billiger die Lebensmittel.
Am Essen sparen ist wie der berühmte Zucker im Tank: Ein gesunder Mensch ohne Geld für gesunde Lebensmittel ist tatsächlich schon halb krank.

Gesundheit und Wohlbefinden für Körper, Geist und Seele

Die Säulen der Gesundheit – Bewegen, Entspannen, Ernähren

> *Das höchste Glück auf Erden*
> *Ist gesund zu werden!*[37]

Wilma Rudolph wird 1940 als zwanzigstes Kind schwarzer Eltern in ärmlichen Verhältnissen in den USA geboren. Sie ist häufig krank, überlebt nur knapp eine Lungenentzündung und erkrankt mit vier Jahren an Kinderlähmung – das rechte Bein und der rechte Fuß sind gelähmt. Ihre Mutter und ihre Geschwister behandeln die kleine Wilma mehrmals täglich mit einer Spezialmassage – und tatsächlich: Nach drei Jahren kann sie mithilfe einer Krücke wieder gehen, mit elf Jahren ist sie geheilt und als Zwanzigjährige gewinnt sie bei den Olympischen Spielen in Rom die Goldmedaillen in allen drei Kurzstreckendisziplinen – im Laufen! Sie sehen: Wir Menschen stehen jeden Tag aufs Neue vor der Entscheidung, den Zustand unserer Gesundheit – und unseres Lebens – gedankenlos und passiv hinzunehmen oder ihn aktiv und tatkräftig zu gestalten, um gesund zu bleiben oder zu werden.

> *Ist nicht Gesundheit allen uns das höchste Gut?*[38]

Gesundheit ist nicht alles, aber ohne Gesundheit ist alles nichts. In Umfragen bestätigen über 90 Prozent der Befragten, dass ihnen Gesundheit das Wichtigste im Leben sei. Ist es nicht paradox, dass im Vergleich dazu so wenige aktiv etwas dafür tun, gesund zu sein und zu bleiben?

> *Der größte Schatz ist Genügsamkeit,*
> *Dann Gesundheit dazu und tüchtiges Streben,*
> *So hat man immer genug zu leben.*[39]

Für ein gesundes Leben sind nur einige Grundregeln zu beachten: Lassen Sie in Mußestunden den Alltag los und entspannen Sie sich, indem Sie beispielsweise meditieren oder ein autogenes Training durchführen. Bewegen Sie sich, idealerweise in der Natur. Trinken Sie viel Wasser und ernähren Sie sich gesund, vorzugsweise mit frischen Nahrungsmitteln aus der Region. Was halten Sie davon, Ihre Ernährung einmal komplett umzustellen und zum Beispiel probeweise vier Wochen lang nur im Bioladen einzukaufen?

Ein weiteres Fundament für Ihr Wohlbefinden ist ein Leben in einem sozialen Umfeld, in dem Sie sich geborgen fühlen. Wenn Sie jetzt noch erkennen, dass Ihr eigenes Leben sinnvoll ist und die von Ihnen angestrebten Ziele durch Sie selbst erreichbar sind, dann bleiben Ihnen Gesundheit und Lebenslust lange Zeit erhalten.

Denn Geist und Körper innig sind sie ja verwandt;
Ist jener froh, gleich fühlt sich dieser frei und wohl,
Und manches Übel flüchtet vor der Heiterkeit.[40]

Gesundheit ist nicht nur das Fehlen von Krankheit, sondern ein Zustand körperlichen, geistigen und sozialen Wohlbefindens. Gesundheit ist auch das Gleichgewicht zwischen Körper, Geist und Seele. Außerdem haben Lachforscher herausgefunden, dass Lachen allen drei Bereichen guttut: Eine Minute Lachen hat den gleichen Effekt wie 45 Minuten Entspannungsübungen. Jedes Mal, wenn Sie lachen, fügen Sie Ihrem Leben einige Tage hinzu.

Dieser [Dr. Hahnemann (1755–1843), Begründer
der Homöopathie, Anm. d. Verf.] lehret: daß der
millionste Teil einer angedeuteten kräftigen Arznei
gerade die vollkommenste Wirkung hervorbringe
und jeden Menschen zur höchsten Gesundheit
sogleich wieder herstelle … und ich glaube jetzt
eifriger als je an die Lehre des wundersamen Arztes,

seitdem ich die Wirkung einer allerkleinsten Gabe so
lebhaft gefühlt und immer wieder empfinde.[41]

Immer mehr Ärzte erkennen an, dass die Schulmedizin zwar die Symptome einer Krankheit behandelt, nicht jedoch die Ursache. Aus diesem Grund kommt es dabei vielfach zu Symptomverschiebungen, zum Beispiel kann ein mit Kortison unterdrückter Hautausschlag zu Asthma führen.
Die Homöopathie hat zum Ziel, die Ursache einer Krankheit zu beheben, um die Symptome zum Verschwinden zu bringen – ganz ohne Nebenwirkungen.
Wie gefällt Ihnen die Idee, zukünftig Ihre Gesundheit mit allerkleinsten Kügelchen wiederherzustellen, statt mit der chemischen Keule nur die Krankheit zu wechseln?

Gefühls- und Geistesgifte und ihre Gegenmittel

Dein Los ist gefallen, verfolge die Weise,
Der Weg ist begonnen, vollende die Reise:
Denn Sorgen und Kummer verändern es nicht,
Sie schleudern dich ewig aus gleichem Gewicht.[42]

Die Feinde Ihrer Gesundheit heißen Kummer und Sorgen. Gemeinsam mit ihren Gesellen Furcht und negativem Stress entwickeln sie die Angst – und die Angst hat das Zeug, Sie aus dem Gleichgewicht zu bringen und Ihre Gesundheit zu ruinieren.
Die eigenen Ziele mutig realisieren und Unabänderliches loslassen sind die bewährten Gegenmittel für mehr Gesundheit und Lebensqualität.

Die Sorge nistet gleich im tiefen Herzen,
Dort wirket sie geheime Schmerzen,
Unruhig wiegt sie sich und störet Lust und Ruh;
Sie deckt sich stets mit neuen Masken zu.[43]

Sorgen sind meist negative Gedanken in Kombination mit diffusen bedrückenden Gefühlen und haben ängstliches Grübeln zur Folge. Es gibt einen Unterschied zwischen ungesunden Sorgen und begründeter Besorgnis!

Wenn Menschen sich Sorgen machen, dann ist das nicht angeboren, sondern eine im Lauf des Lebens entstandene Angewohnheit. Als Manager haben Sie vielleicht die Sorge, Sie könnten den Anforderungen nicht genügen, und als Partner, Ihre Beziehung könnte scheitern.

Die Sorge, sie schleicht sich durch's Schlüsselloch ein.[44]

Insbesondere nachts kriechen diese dunklen Gedanken ins Schlafzimmer und rauben den Schlaf. Viele Menschen können einfach nicht abschalten und käuen den Streit mit dem Partner immer wieder oder entwickeln gedankliche Katastrophenszenarien, wenn es um das bevorstehende Gespräch mit dem Mitarbeiter oder dem Chef geht.

Laß nur die Sorge sein,
Das gibt sich alles schon;
Und fällt der Himmel ein,
Kommt doch eine Lerche davon.[45]

Machen Sie sich klar: Die meisten Probleme, die Sie befürchten, treten niemals ein. In den meisten Fällen ist Sich-Sorgen-Machen also alles andere als ökonomisch. Und wenn das Problem nun doch eintritt, setzen Sie sofort alle Hebel in Bewegung, um es schnellstmöglich zu lösen.

Alle Sorgen
Nur auf morgen!
Sorgen sind für morgen gut.[46]

Was also können Sie tun? Ausnahmsweise verlegen Sie eine Aktivität in die Zukunft: Vereinbaren Sie mit sich, sich nicht *sofort* Sorgen zu einem bestimmten Thema zu machen, sondern erst morgen: Hier und jetzt gehen Sie lieber aktiv daran, Lösungen für Ihre Themen zu finden und in die Tat umzusetzen.

Die Sorglosigkeit ist eine nährende Tugend.[47]

Seien Sie also ohne Sorge, das ist das Schlaueste, was Sie tun können. Sie haben dann den Kopf frei, Ihr Leben so zu gestalten, wie Sie es gern möchten.

Doch was ist, wenn *echte* und *große* Schwierigkeiten oder Probleme in Ihrem Leben auftauchen?

Wenn Mut und Risikofreude fehlen

Mut verloren – alles verloren!
Da wär' es besser, nicht geboren.[48]

Es gibt Menschen, die wagen viel – wenn es um nichts geht. Und sie wagen nichts, wenn es um viel geht. Sie suchen den Nervenkitzel in der steilen Felswand, beim Bungee- oder Fallschirmspringen. Geht es aber darum, in der eigenen beruflichen Existenz etwas zu wagen, auf neue Ideen zu setzen, findet die Risikofreude ein jähes Ende. Da geht man doch lieber in den öffentlichen Dienst oder lässt sich in großen Unternehmen mit ähnlichen Hierarchien und geregelter Arbeitszeit anstellen.

Es ist klug und kühn, dem unvermeidlichen Übel
entgegenzugehn.[49]

Wann haben Sie den Mut zur eigenen Verantwortung? Das größte Risiko ist, kein Risiko einzugehen! Wer hat noch den unbeschwerten Pioniergeist der Nachkriegsära? Kleinliches Sicherheitsdenken blockiert jede Entwicklung. Möchten Sie etwas Neues schaffen? Dann werden Sie kreativ und schreiten zur Tat! Genau das ist Ihre Alternative zur grauen Mittelmäßigkeit. Springen Sie über Ihren Schatten und gehen Sie mutig und tatkräftig auf die unvermeidlichen Schwierigkeiten zu. Der Weg, als Mensch zu wachsen, führt immer durch die Angst vor dem Problem.

> *... sie (die Menschen, Anm. d. Verf.) begreifen nicht, daß man bis auf einen gewissen Punkt sehr sicher fortschreiten kann, dann aber sich entschließen muß, irgend ein Problem stehen zu lassen, dessen Lösung andern, vielleicht uns selbst in einiger Zeit vorbehalten ist.[50]*

Und wenn Sie ein Problem partout nicht lösen können? Dann nehmen Sie das Problem gelassen hin. Lernen Sie, lösbare Probleme mutig anzugehen und nicht änderbare Dinge hinzunehmen. Lernen Sie insbesondere, das eine vom anderen zu unterscheiden: Das ist das Sinnvollste, was Sie für sich und Ihr Wohlergehen tun können.

Ärger und andere negative Gefühle

> *Es ist eine böse Sache um den Ärger, wenn er einmal auf dem Wege ist.[51]*

Wenn es Ihnen nicht gelingt, unabänderliche Dinge hinzunehmen, oder wenn Sie enttäuscht und unzufrieden sind, dann entsteht häufig Ärger. Das Ärgerlichste am Ärger ist, dass Sie sich ausschließlich selber schaden und damit zeigen, dass Sie den Anforderungen des Alltags nicht gewachsen sind. Was lange gärt, wird endlich Wut, aus Wut wird Zorn und aus dem Zorn wird früher oder später ein Herzinfarkt.

> *Der Hass ist ein aktives Missvergnügen, der Neid ein passives;*
> *Deshalb darf man sich nicht wundern, wenn der Neid so schnell in Hass übergeht.[52]*

Negative Emotionen bedrohen ganz grundsätzlich Ihre Gesundheit: Dazu zählen neben Eifersucht und Schuldgefühlen auch

Hass und Neid mit ihren schwerwiegenden Konsequenzen: Hass ist ein sehr starkes, destruktives Gefühl, mit dem wir anderen Menschen oder bestimmten Situationen die Gewalt über unser Herz und unseren Verstand geben. Die zerstörerische Energie des Hasses fällt auf uns selbst mit Schlaflosigkeit und Bluthochdruck zurück.

Krankhafter Neid ist ein weiterer Weg, mit Sicherheit erfolglos zu bleiben. Anstatt sich mit anderen zu vergleichen, ist es sinnvoller und gesünder, sich an den eigenen Leistungen zu messen und selbst kleinste Erfolge zu feiern.

Gegen große Vorzüge eines anderen gibt es kein Rettungsmittel als die Liebe.[53]

Indem Sie anderen Menschen ehrliche Anerkennung zeigen, ändern Sie eigene Neidgefühle in Lob um. Würdigen Sie das überragende Organisationstalent Ihrer Sekretärin, loben Sie das rhetorische Geschick Ihres Verkäufers. Falls Sie Neid überhaupt kennen, gestalten Sie ihn um in die Fähigkeit, anderen offen und ehrlich Komplimente zu machen. Aber Vorsicht: Unverdientes Lob ist verkleideter Spott!

… den Gipfel im Auge wandeln wir gerne auf der Ebene.[54]

Wenn Sie negative Gefühle empfinden, fragen Sie sich, wie Sie sinnvoll darauf reagieren können, ohne sich selbst und anderen zu schaden. Machen Sie sich dann frei von diesen Gefühlen, indem Sie sie loslassen. Konzentrieren Sie sich auf sich selbst und arbeiten Sie an Ihren eigenen Zielen. Damit lösen Sie sich von diesen Gefühlsgiften und sind von innen heraus zufrieden.

Auch in Ihren Beziehungen ist Erfolg kein Zufall

Heut ist mir alles herrlich; wenn's nur bliebe!
Ich sehe heut durch's Augenglas der Liebe.[55]

Wer neben dem beruflichen Erfolg auch privates Glück ansteuert, der kann einiges dafür tun. Es ist meistens so, dass diejenigen am zufriedensten sind, die für einen harmonischen Ausgleich zwischen Berufs- und Privatleben sorgen.

Liebe und Partnerschaft machen stark und bilden auch das Fundament für die berufliche Leistungsfähigkeit. Es ist daher ein wunderschöner Erfolg, einen motivierenden Partner zu haben. Einen Partner, der einen aufbaut und unterstützt und so akzeptiert, wie man eben ist – das gilt natürlich für beide Partner!

Glücksquellen Ehe und Partnerschaft

Die Ehe ist der Anfang und der Gipfel aller Kultur.
Sie macht den Rohen mild, und der Gebildete hat
keine bessere Gelegenheit, seine Milde zu beweisen.
Unauflöslich muß sie sein: denn sie bringt so vieles
Glück, dass alles einzelne Unglück dagegen gar nicht
zu rechnen ist.[56]

Die von Zynikern auch als lebenslange Haft verunglimpfte Ehe ist – wenn sich die richtigen Partner gefunden haben – eine unerschöpfliche Glücksquelle, die Mann und Frau zu einer starken Einheit verbindet. Eine widerstandsfähige Beziehung bringt beiden Partnern reichlich Energie und hilft, äußeren Stress zu verringern. Die emotionale Unterstützung des Partners schafft Mut und Zuversicht für die zu bewältigenden Herausforderungen. Da das Leben nicht immer einfach ist, ist gerade in schwierigen Zeiten die Liebe des Partners eine Quelle der Kraft.

Suchen Sie Ihren Partner mit Herz und Verstand aus: Hat Ihr Lebensgefährte die gleichen Wünsche und Ziele wie Sie? Passt er zu Ihnen? Unterstützen Sie sich gegenseitig?

Mit dem idealen Lebenspartner gehen Sie durch dick und dünn. Teilen Sie gemeinsame Glanzlichter, empfinden Sie doppelte Freude. Gemeinsame Tiefpunkte durchleben heißt auch halbes Leid. Glückliche Paare pflegen einen respektvollen Umgang miteinander und beherzigen die oberste Grundregel jeder erfolgreichen Partnerschaft: *Kommunizieren* Sie mit Ihrem Partner!

Im Ehestand muß man sich manchmal streiten;
denn dadurch erfährt man was voneinander.[57]

Es ist völlig normal und in Ordnung, sich in einer Beziehung auch einmal zu streiten. Es kommt allerdings darauf an, wie Sie an einen Streit herangehen: Ihre Beziehung kommt aus einem reinigenden Gewitter entweder gestärkt hervor oder es gibt Verletzungen auf beiden Seiten durch Beleidigungen, Unterstellungen und Vorwürfe. Wie im Beruf sind Sie auch in einer Beziehung selbst verantwortlich für das, was Sie denken, sagen und tun. Fragen Sie sich selbst und Ihren Partner, wie und warum es zum Streit gekommen ist: Sie erfahren dann die Hintergründe für das Verhalten Ihres Partners und können auf dieser Basis Ideen für die Lösung des Zwistes entwickeln.

Sie bestimmen also, ob Sie lustlos nebeneinander herleben oder kreativ miteinander die Herausforderungen des Lebens meistern.

Wir irrten uns aneinander. Es war eine schöne
Zeit.[58]

„Bis zur Scheidung dauert es im Durchschnitt 14,1 Jahre", titeln deutsche Tageszeitungen im Juli 2009. Hintergrund dieser Meldung sind neue Zahlen des Statistischen Bundesamtes. Demnach stieg die Zahl der Scheidungen im Jahr 2008 um 3 Prozent gegenüber dem Vorjahr und lag bei etwa 191.900.

Sind die Differenzen doch zu groß und kann ein Paar auch nach vielen Gesprächen, Anläufen und Neuanfängen nicht mehr zueinanderfinden, fällt oft der schwere Entschluss: Wir trennen uns. Für zwei von fünf Paaren ist dies das ernüchternde Ende der Wolke sieben. Jetzt muss der Blick nach vorn gerichtet werden. Doch dies ist erst möglich, wenn beide Partner es schaffen, mit Dankbarkeit zurückzuschauen.

Diese Lebensweisheit lässt die Partner wachsen und innerlich groß werden. Bevor sie endgültig getrennte Wege gehen, sollten sie schlicht und einfach zueinander „Danke" sagen. Denn trotz Rosenkrieg und ganz unabhängig von der Schuldfrage hatten sie schöne gemeinsame Momente.

Kinder „erfolgreich" erziehen

> *Denn wir können die Kinder nach unserem Sinn*
> *nicht formen;*
> *So wie Gott sie uns gab, so muß man sie haben und*
> *lieben,*
> *Sie erziehen aufs beste und jeglichen lassen*
> *gewähren.*
> *Denn der eine hat die, die anderen andere Gaben ...*[59]

Kinder lassen sich nicht beliebig zum Tennisstar, Wundergeiger oder Mathegenie trimmen. Ganz im Gegenteil: Jedes Kind hat seine Anlagen und Interessen, mit denen es Ihre hundertprozentige Bejahung und Unterstützung verdient. Als Eltern können Sie Angebote machen und Interessen, Stärken und Talente fördern. Was aber schlussendlich daraus wird, liegt nicht in Ihrer Hand. Nehmen Sie es, wie es kommt.

Kinder sind ein Geschenk. Wie ist Ihr Verhältnis zu Ihren Kindern? Haben Sie wirklich Kontakt zu ihnen? Wie viel Zeit verbringen Sie mit Ihren Kindern? Überraschen Sie Ihre Kinder auch einmal mit einer ganz verrückten Idee? Beantworten Sie für sich diese wichtigen Fragen. Denn eine gute Beziehung zu Ihren Kindern ist gleich nach der Partnerschaft das Wichtigste für Ihre innere Zufriedenheit.

Im Sinne von Goethe können Sie Ihre Kinder nach bestem Wissen und Gewissen erziehen mit dem Ziel, dass aus ihnen lebensfähige, selbstständige, ausgeglichene und glückliche Menschen werden. Wenn dies gelingt, können Sie von einem großen Erfolg sprechen!

Welche Erziehungsart ist für die beste zu halten?
Antwort: Die der Hydrioten. Als Insulaner und
Seefahrer nehmen sie ihre Knaben gleich mit zu
Schiffe und lassen sie im Dienste herankrabbeln.[60]

Ihre Kinder entwickeln sich am ehesten zu selbstständigen und glücklichen Menschen, wenn Sie als Vater oder Mutter selbst ein glückliches und selbstständiges Leben führen. Erziehung ist Liebe und Vorbild, wusste schon der Schweizer Pädagoge Johann Heinrich Pestalozzi. Obwohl Goethe kein Anhänger der Lehren Pestalozzis war, stimmten die beiden in den Punkten Liebe und Vorbild als Erziehungsmethode überein: Kinder lernen weniger das, was ihnen ihre Eltern sagen, dafür lernen sie umso mehr, was ihnen ihre Eltern vorleben. Ursache dafür sind die sogenannten Spiegelneuronen, die im Jahr 1995 von dem italienischen Professor Giacomo Rizzolatti und seinen Mitarbeitern entdeckt wurden. Das sind spezielle Neuronen in unserem Gehirn, die spiegelbildlich Gefühle oder Körperzustände anderer Menschen in uns wachrufen, zum Beispiel beim Gähnen. Diese phänomenalen Spiegelneuronen spiegeln das Verhalten der Menschen, mit denen wir in Kontakt stehen.

Wer viel mit Kindern lebt, wird finden, daß keine
äußere Einwirkung auf sie ohne Gegenwirkung
bleibt.[61]

Die Spiegelneuronen werden im Gehirn dann aktiv, wenn wir
- anderen dabei zusehen, wie sie etwas machen (beispielsweise Fahrradfahren),
- selber Rad fahren,
- daran denken, wie jemand Rad fährt.

Geht es darum, neue Tätigkeiten zu lernen, bilden diese Neuronen die Basis für die effektivste Lernmethode: „Anschauen und nachmachen!"

Kleinkinder nehmen ihre Eltern als unfehlbare Götter wahr. Das ausgeprägte Filtersystem, das wir Erwachsenen im Lauf unseres Lebens schaffen, das uns vor unnützen und schädlichen Informationen schützen soll, existiert bei Kindern noch nicht. Kinder bewerten das Verhalten ihrer Eltern nicht – sie imitieren es einfach. Körperlich gesunde Kinder gehen zum Beispiel gebeugt oder sprechen undeutlich, nur weil sie ein Elternteil nachahmen. Machen Sie sich als Vater oder Mutter diese Verantwortung für Ihre Kinder klar. Verhalten Sie sich so, wie Sie es sich von Ihren Eltern gewünscht hätten (mehr zum Thema Spiegelneuronen finden Sie auf Seite 64 f. und 129).

Von treuen Freunden und hilfreichen Netzwerken

Vielleicht wirst du erkennen, welche Liebe
Dich überall umgab, und welchen Wert
Die Treue wahrer Freunde hat, und wie
Die weite Welt die Nächsten nicht ersetzt.[62]

Nichts ist wertvoller als gute, treue Freunde. Aus Freundschaften können Sie viel Kraft für Ihren Beruf und Ihr Leben schöpfen.
- Haben Sie echte Freunde, auf die Sie in schwierigen Situationen zählen können?
- Können sich Ihre Freunde auf Sie verlassen?
- Nehmen Sie sich genügend Zeit für Ihre Freunde?

Höret den Rat verständiger Freunde, das hilft euch
am besten.[63]

Rat von Freunden, die es gut mit Ihnen meinen, ist ausgesprochen hilfreich. Ihre Freunde sehen manches in einem ganz anderen Licht als Sie selbst und können völlig neue Aspekte ins Spiel bringen. Lassen Sie diese große Chance nicht ungenutzt und fragen Sie

Ihre Freunde nach deren Meinung, insbesondere in beruflichen Dingen.

Einen kritischen Freund an der Seite, kommt man immer schneller vom Fleck.[64]

Mit Kritik können viele Menschen nicht umgehen. Sie fühlen sich schnell angegriffen und verletzt. Anders ist das, wenn Sie von einem Freund eine Rückmeldung bekommen.

Hier können Sie sicher sein, dass er Ihnen nicht schaden will – im Gegenteil: Er kritisiert Sie zu Ihrem Wohle, damit Sie etwas ändern und schließlich erfolgreicher werden können! Daher lässt sich die ehrliche Beurteilung eines Freundes leichter annehmen als die Kritik eines Kollegen oder Mitarbeiters.

Betrachten Sie Kritik als eine Chance. Richtig verstandene Kritik ist eine Bereicherung und ein willkommenes Feedback, um die eigene Leistung, das Verhalten oder die Einstellung zu ändern.

Holen Sie sich daher aktiv und regelmäßig ein Feedback bei Ihrem besten Freund oder Ihrer besten Freundin (selbstverständlich auch bei Ihrem Partner):

- Wie wirke ich auf andere?
- Wie wirke ich beim Sprechen (unsicher, dominant, schüchtern, rechthaberisch)?
- Rede ich zu schnell, zu langsam, zu laut, zu piepsig?
- Habe ich Macken, Ticks und Marotten, die nerven?
- Was kann ich an meiner Rhetorik verbessern?

Tragen Sie Ihrem Freund einfach Ihre neueste Produktpräsentation zur Probe vor und freuen Sie sich über die konstruktive Kritik. Das ist Coaching en privée!

So sehr ein Mann sich auch selbst empfiehlt, so sehr begünstigt die Empfehlung eines Freundes die ersten Augenblicke der Bekanntschaft.[65]

Im Beruf wie im Privaten ist es wichtig, Netzwerke aufzubauen. Denken Sie nur daran, wie viele Posten aufgrund von Empfehlungen innerhalb eines Freundeskreises besetzt werden und wie viele Insidertipps ausgetauscht werden!

Nicht selten vermischen sich private und berufliche Netzwerke. In rein beruflichen Netzwerken gilt eindeutig die Regel „Eine Hand wäscht die andere". Private Netzwerke beruhen dagegen normalerweise nicht auf zweckbestimmten persönlichen Beziehungen, sondern freundschaftlichen Beziehungen, bei denen der eigene Vorteil nicht im Vordergrund steht. Was aber nicht ausschließt, dass man sich gegenseitig hilft, weiterempfiehlt, Tipps für Neukundenakquise gibt etc.

In unseren modernen Zeiten ersetzen Netzwerke den früheren Großfamilienverbund: Man hilft sich gegenseitig aus, wechselt sich ab mit Babysitting, tauscht einen Rechtshinweis gegen eine Computerreparatur ein. Private Netzwerke sind wie ein soziales Sicherheitsnetz: Wenn jemand einen Engpass hat und Hilfe braucht, ist diese rasch organisiert. Pflegen Sie daher regelmäßig Ihre freundschaftlichen Kontakte mit Telefonaten, Besuchen und gemeinsamen Aktivitäten.

Werte als Wegweiser – dem Leben einen Sinn geben

> *Drum hab' ich mich der Magie ergeben,*
> *Ob mir durch Geistes Kraft und Mund*
> *Nicht manch Geheimnis würde kund;*
> *Daß ich nicht mehr mit sauerm Schweiß,*
> *Zu sagen brauche, was ich nicht weiß;*
> *Daß ich erkenne, was die Welt*
> *Im Innersten zusammenhält ...*[66]

Immer mehr Menschen beschäftigen sich mit der Frage nach dem Sinn des Lebens, gerade diejenigen, die ihre Existenz als sinnlos wahrnehmen. Sie hetzen Tag für Tag durchs Hamsterrad, finden weder im Privat- noch im Berufsleben Erfüllung und brennen schließlich aus. Seelische Krankheiten, die sich auch auf den Körper auswirken, sind die Folge. Was ist der Sinn des Lebens?

Der Zweck des Lebens ist das Leben selbst ...[67]

Auf Seminaren führt die Frage nach dem Sinn des Lebens sowohl bei den Nachwuchskräften als auch bei altgedienten Managern meist zu einer Schrecksekunde, da sie dieses große Thema in aller Regel angedacht, aber nie zu Ende verfolgt haben.

Schon seit der Antike sind die Menschen auf der Suche nach einer sinnvollen Antwort auf diese fundamentale Frage. Das Tröstliche ist: Sie brauchen sich nicht wie Goethes Faust der Magie ergeben, denn der Sinn des Lebens liegt vielfach näher als gedacht – der Sinn des Lebens ist das Leben selbst.

> *Der Mensch mag sich wenden, wohin er will, er mag unternehmen, was es auch sei, stets wird er auf jenen Weg wieder zurückkehren, den ihm die Natur einmal vorgezeichnet hat.*[68]

Erkennen und entdecken Sie Ihre Begabungen, sie sind Hinweise des Lebens, was Sie sinnvollerweise tun sollten: So wird aus Ihren Talenten Ihre Lebensaufgabe. Entwickeln Sie Ihre Talente zu persönlichen Stärken und entfalten Sie sich auf diesem Gebiet zum leidenschaftlichen Experten.

> *Vielfach ist der Menschen Streben,*
> *Ihre Unruh, ihr Verdruß;*
> *Auch ist manches Gut gegeben,*
> *Mancher liebliche Genuß;*
> *Doch das größte Glück im Leben*
> *Und der reichlichste Gewinn*
> *Ist ein guter leichter Sinn.*[69]

Viele Menschen wollen unbedingt bestimmte Ziele „mit dem Kopf durch die Wand" erreichen, koste es, was es wolle. Sie setzen sich unter Hochdruck, verkrampfen sich und blockieren sich dann selbst: Sie ackern im wahrsten Sinne des Wortes bis zum Umfallen.

Zwang beweist nicht nur Schwäche und mangelndes Selbstvertrauen, er ist auch der sichere Weg in das Burn-out-Syndrom – die völlige körperliche und seelische Erschöpfung. Es kann sein, dass Sie für Ihre Ziele, die Ihnen am Herzen liegen, viel arbeiten müssen – dafür kämpfen müssen Sie jedoch nicht. Am besten wäre ein „guter leichter Sinn". Fassen Sie Ihr Ziel ins Auge wie ein Bogenschütze: Bogen anheben, auf das Ziel konzentrieren und – loslassen. Maßgeblich für Ihren Erfolg ist Ihre innere Einstellung zu sich selbst und dem Ziel. Je heiterer, gelassener und selbstbewusster Sie Ihrem Ziel entgegengehen, desto sicherer werden Sie es erreichen.

> *Heitern Sinn und reine Zwecke:*
> *Nun, man kommt wohl eine Strecke.[70]*

Wie steht es um den „reinen" Zweck, also die positive Absicht hinter Ihrem Ziel? Fragen Sie sich, *wozu* Sie etwas erreichen wollen. Welche Werte und Überzeugungen stehen hinter Ihrem Wunsch, ein bestimmtes Ziel zu erreichen? Ihre Werte legen nicht nur Ihr Verhalten fest, wie Sie auf bestimmte Situationen reagieren, sie bilden auch die Basis für Ihr Lebensglück.
Die Frage nach dem *Wozu* macht den Blick frei auf Ihren Werterahmen, also auf die Summe Ihrer Wertvorstellungen, nach denen Sie Ihre gesamten Entscheidungen fällen: Ihr Werterahmen übernimmt die Aufgabe von Leitplanken auf Ihrem Lebensweg.

> *Du sehnst dich, weit hinaus zu wandern,*
> *Bereitest dich zu raschem Flug;*
> *Dir selbst sei treu und treu den andern,*
> *Dann ist die Enge weit genug.[71]*

Nach welchen Werten leben Sie? Welche sind Ihre wahren Werte und an welche Werte der Geschäftsführung und der Gesellschaft haben Sie sich nur angepasst? Nach welchen Werten möchten Sie leben? Welche Rolle spielen beispielsweise Macht und Ehre oder Liebe, Freiheit und Familie in Ihrem Leben?

Ihre Werte können zum Beispiel religiöser oder philosophischer Natur sein; sie helfen Ihnen, Ihre Entscheidungen schnell und klar zu treffen. Je bewusster Sie sich Ihrer eigenen Werte sind, desto geringer ist die Gefahr, dass Sie sich nach den Werten anderer entscheiden. Ihren eigenen Werterahmen zu kennen ist die Voraussetzung, um den Sinn Ihres Lebens zu erkennen.

> *Denken Sie immer: daß wir eigentlich nur für uns selbst arbeiten ...*
>
> *... In diesem Sinne bereit ich mich auch vor, und wenn wir nach innen das unserige getan haben, so wird sich das nach außen von selbst geben.[72]*

Selbst Altruisten arbeiten nur für sich selbst: Andere Menschen glücklich zu machen macht glücklich.

Ein Leben nach den eigenen Wertvorstellungen zu leben setzt eine ganz besondere innere Einstellung voraus (mehr zur „inneren Einstellung" finden Sie auf Seite 120 ff.): Dass Sie Ihres eigenen Glückes Schmied sind, also Ihr Leben selbst in die Hand nehmen und es so gestalten, wie Sie es gern möchten. Nehmen Sie die Dinge, wie sie kommen. Und sorgen Sie mit Mut und Risikobereitschaft immer wieder dafür, dass die Dinge so kommen, wie Sie sich das vorstellen.

Kapitel 2

Wie Sie Ihre soziale Kompetenz entwickeln und stärken

Fachlich brillant, aber menschlich eine Katastrophe? Nicht nur fachliche Defizite, sondern vor allem mangelnde soziale Kompetenz können zur Karrierebremse werden. Bauen Sie dem vor, indem Sie sich mit Ihrer sozialen Kompetenz auseinandersetzen und diese gezielt trainieren.

Ob bewusst oder unbewusst – Persönlichkeitsbildung war ein großes Thema für Goethe. So schrieb er von Selbsterkenntnis, der Bedeutung des ersten Eindrucks, Körpersprache, Rhetorik, wirkungsvollem Kommunizieren, insbesondere aktivem Zuhören, Gesprächsführung durch Fragetechnik, Selbstbewusstsein und Tugenden wie Verantwortung, Teamfähigkeit und Vorbildfunktion. Diese Kompetenzen heißen heute „Soft Skills" und sind wichtiger denn je.

Goethe erweist sich als scharfsinniger Psychologe. So stellte er fest, welch große Bedeutung die Selbstreflexion hat. „Erkenne dich selbst …", schrieb er und stellte heraus, wie wichtig es sei, achtsam mit sich selbst umzugehen und sich selbst zu beobachten. So lernt man sich selber besser kennen und andere Menschen anhand ihres Denkens und Handelns richtig einzuschätzen. Dadurch wird der Umgang mit ihnen erleichtert: Viele Reibereien, Missverständnisse und Unstimmigkeiten können schon im Vorfeld vermieden werden.

„Alles kommt auf den ersten Eindruck an." Weil es für den ersten Eindruck keine zweite Chance gibt, haben wir einige Texte Goethes zu diesem Thema zusammengestellt und kommentiert. Hier zeigt sich, wie bei der ersten Begegnung ein Bild in unserem Kopf entsteht, für das wir fortlaufend Bestätigungen suchen. Einige Regeln helfen Ihnen, den ersten Eindruck positiv zu beeinflussen.

Gute Kommunikation ist eine Kunst. Wenn Sie diese Kunst erlernen möchten, benötigen Sie Energie, Konzentration und Übung. Eines ist sicher: Es lohnt sich – für Beruf und Privatleben. Sie können sich und Ihre Anliegen, Wünsche, Ziele etc. besser vermitteln und Ihren Gesprächspartner und seine Belange besser verstehen und darauf eingehen. Aus Goethes Texten ziehen wir viele Hinweise für aktives Zuhören, die richtige Fragetechnik und die Kunst der Rhetorik.

„Wer überwindet, der gewinnt." Goethe meint damit nichts anderes, als dass Sie die Erfolgsverhinderer Bequemlichkeit, Angst und Hemmungen überwinden sollten. Viele Menschen verharren in ihrer Komfortzone und innerhalb ihrer Grenzen. So vereiteln sie jedes Wachstum und ihr Selbstvertrauen liegt am Boden. Wie lässt sich ein starkes Selbstvertrauen aufbauen? Basis für ein starkes Selbstvertrauen ist immer ein gesundes Selbstwertgefühl. Je mehr Sie Ihren eigenen Wert schätzen, desto eher werden Sie sich selbst vertrauen. Nehmen Sie zum Beispiel ein Erfolgstagebuch zu Hilfe. Sie werden sehen: Mit jedem gelungenen Projekt wächst Ihr Selbstvertrauen, Sie befinden sich dann in einer Art Glücksspirale. Weitere starke Eigenschaften, die beruflich wie privat eine große Rolle spielen, runden dieses Kapitel ab. Hier haben wir besonders treffende Aussagen bei Goethe gefunden.

Fangen Sie bei sich selbst an. Eigenverantwortung ist notwendig, damit Sie Ihr Leben selbst in die Hand nehmen können – und keine Marionette des Zufalls mehr sind. Soziale Kompetenz im Umgang mit anderen zeigen Sie durch Achtung, Anerkennung, Wertschätzung, Ehrlichkeit, Gerechtigkeit und Vorbildlichkeit. Spätestens seit dem Ausbruch der Finanz- und Wirtschaftskrise im Jahr 2008 stehen insbesondere diese Werte und ethisches Handeln wieder hoch im Kurs!

Teamfähigkeit zählt heute zu den herausragenden Soft Skills. Eigenbrötler und Einzelkämpfer kommen nicht halb so weit wie Teamplayer. Nach Goethe „… gibt es kein größeres und wirksameres Mittel … als das Zusammenarbeiten überhaupt"! Beruflich und privat haben Sie immer auch eine Vorbildfunktion – ganz gleich ob gegenüber Ihren Mitarbeitern, Freunden oder Kindern. Sorgen Sie dafür, dass Sie immer ein gutes Vorbild abgeben. Aus der Pädagogik ist bekannt, dass ein Vorbild mehr zählt als viele Worte und Erklärungen.

Erkennen Sie sich selbst – und andere

Wie viel bist du von andern unterschieden?
Erkenne dich, leb' mit der Welt in Frieden![73]

Der erste Schritt für eine erfolgreiche Lebensführung beginnt bei Ihnen selbst. Je besser Sie sich selbst kennen, desto effektiver und erfolgreicher können Sie Ihr Leben gestalten.
Gelebtes Glück und Zufriedenheit zeichnen sich aus durch Klarheit, Konsequenz und Gradlinigkeit. Das erreichen Sie aber nur, wenn Sie sich selbst gut kennen. Es ist gut, zu wissen, was Ihnen wichtig ist und wie Sie in bestimmten Situationen reagieren. Unsere Gefühle und unser Verhalten werden von unseren Gedanken gelenkt. Wer diesen Zusammenhang erkennt und beginnt, sich selbst zu beobachten, ist in der Lage, sich und andere zu erkennen.
Sie sehen also: Selbsterkenntnis ist nicht nur eine der wichtigsten Voraussetzungen für ein erfülltes Leben, sondern auch der sicherste Weg, andere Menschen und ihr Denken und Handeln zu erkennen und zu verstehen.

Erkenne dich selbst, … es heißt ganz einfach: Gib
einigermaßen acht auf dich selbst, nimm Notiz von
dir selbst, damit du gewahr werdest, wie du zu
deines Gleichen und der Welt zu stehen kommst.
Hierzu bedarf es keiner psychologischen Quälereien;
jeder tüchtige Mensch weiß und erfährt, was es
heißen soll: es ist ein guter Rat, der einem jeden
praktisch zum größten Vorteil gedeiht.[74]

Bei der Forderung „Erkenne dich selbst" winken viele ab, weil sie gleich an die alten Griechen, Plato und die hohe Philosophie denken. Ist alles nicht nötig: Setzen Sie einfach Ihren gesunden Menschenverstand ein, beobachten Sie sich selbst und im Ergebnis lernen Sie sich und Ihre Mitmenschen kennen. Was immer Sie bei anderen Menschen wahrnehmen, hat mit Ihnen zu tun und kann Ihnen dazu dienen, etwas über sich selbst zu lernen.

Inwendig lernt kein Mensch sein Innerstes
Erkennen; denn er misst nach eignem Maß
Sich bald zu klein und leider oft zu groß.
Der Mensch erkennt sich nur im Mensch, nur
Das Leben lehret jedem, was er sei.[75]

Kennen Sie das? Ihr Chef geht Ihnen auf die Nerven, weil er Ihre Stärken nicht erkennt, Sie nicht fördert, kein einziges Lob für Ihre Leistungen über die Lippen bringt und überhaupt von nichts eine Ahnung hat!

Das hat insbesondere mit Ihnen selbst zu tun. Jeder Mensch, mit dem Sie es zu tun haben, und jede Situation, in der Sie sich befinden, sind das Ergebnis und damit der Spiegel Ihres Bewusstseins. Ihr Bewusstsein wird geprägt durch Ihre Gedanken und Ihre innere Einstellung zu den Menschen und Dingen. Sie können also außen nur das wahrnehmen, was Sie innerlich mit Ihrer Geisteshaltung kreiert haben. Wenn Ihr Chef Ihnen also mal wieder so richtig auf die Nerven geht, dann tragen Sie dafür die Verantwortung. Dieses fundamentale Lebensgesetz heißt „Wie innen, so außen" und ist auch als Resonanz- oder Spiegelgesetz bekannt.

Die Existenzen fremder Menschen
sind die besten Spiegel, worin wir die unsrige
erkennen können.[76]

Ist ein Manager sowohl bei Mitarbeitern und Kollegen als auch in der Chefetage gern gesehen und beliebt, achtet er sich bewusst oder unbewusst auch selbst. Ein unbeliebter Manager dagegen steht auf Kriegsfuß mit sich selbst und wird von seinen Mitarbeitern möglichst gemieden.

Ihr Gehirn fungiert als innerer Projektor, der Ihren „Lebensfilm" abbildet, die äußere Welt übernimmt die Funktion der Leinwand, die diesen Film reflektiert: Unsere Außenwelt ist der Spiegel unserer Innenwelt. Am besten können wir uns in anderen Menschen erkennen. Das fällt nicht immer leicht; es ist auch manchmal schwer zu akzeptieren, dass die Ursache für das Verhalten anderer in der eigenen Geisteshaltung liegt.

> *Wir erschrecken über unsere eigenen Sünden, wenn wir sie an andern erblicken.*[77]

Kommt Ihnen das bekannt vor? Die meisten fühlen sich für ihre Erfolge verantwortlich; an Misserfolgen und Problemen allerdings sind die anderen schuld.

Sich grundsätzlich für jede Lebenssituation verantwortlich zu fühlen (zumindest in den Bereichen, auf die Sie tatsächlich Einfluss nehmen können) lässt Sie nicht mehr Opfer sein, sondern zum Gestalter Ihres Schicksals werden. Probieren Sie einmal aus, diesen Gedanken ehrlich und konsequent zu Ende zu denken.

Das lässt sich besonders gut üben, wenn Sie etwas mit Ihren Kindern unternehmen. Sie werden merken: Gerade kleinere Kinder übernehmen unbewusst Ihre Sprache, Körpersprache und Gewohnheiten. Wenn Ihre Kinder beispielsweise schnell ungeduldig oder laut werden, spiegeln sie damit Ihr Verhalten ungeschminkt wider. Kinder sind unsere großen Lehrmeister: In ihnen erkennen wir uns sehr oft selbst.

> *Ein jeder sieht, was er im Herzen trägt.*[78]

Das Spiegelgesetz besagt, dass Ihre Mitmenschen Ihnen äußerlich widerspiegeln, was Sie an Wertvorstellungen und Überzeugungen in Ihrem Innern tragen.

Sind Sie der Meinung, dass Ihr Mitarbeiter sein Zeitmanagement nicht im Griff hat? Regen Sie sich darüber auf und wollen Sie, dass er sich ändert? Das bedeutet nichts anderes, als dass Sie mit Ihrem eigenen Zeitmanagement unzufrieden sind und dies gern anders gestalten würden.

Findet Ihr Chef Sie zu langsam und Sie fühlen sich deswegen verletzt? Dann hat er Ihren wunden Punkt getroffen! Berührt Sie sein Vorwurf jedoch nicht, so ist es seine eigene Arbeitsgeschwindigkeit, die er auf Sie projiziert.

Wenn Ihnen die offene Kommunikation eines Mitarbeiters gut gefällt und Sie ihn deswegen mögen, finden Sie in ihm Ihre eigene Art des Kommunizierens wieder, die Sie an sich selbst sehr schätzen.

> *Willst du dich selber erkennen, so sieh, wie die*
> *Andern es treiben.*
> *Willst du die Andern verstehn, blick' in dein eigenes*
> *Herz.*[79]

Wie können Sie das Spiegelgesetz für sich nutzen?

Wenn Sie das Gefühl haben, von Ihrem Chef zu wenig gelobt zu werden, dann loben Sie sich in bestimmten Bereichen Ihres Lebens selbst zu wenig: Machen Sie sich klar, wie viel Sie in Ihrem Leben bereits erreicht haben. Sie dürfen sich ruhig einmal dafür loben. Machen Sie es sich zur Gewohnheit, Ihre Erfolge zu feiern; so erkennt Ihr Unterbewusstsein, dass Sie sich selbst wertschätzen und anerkennen.

Wenn Sie nicht gefördert werden, fragen Sie sich, ob Sie sich selbst genug fördern: Wann waren Sie zuletzt auf einem Seminar, das Sie beruflich oder privat weitergebracht hat?

Und wenn Sie der Meinung sind, dass Ihr Partner Sie nicht mehr liebt, lieben Sie sich auf einem bestimmten Gebiet Ihres Lebens selbst nicht mehr: Verzeihen Sie sich die Dinge, die Sie belasten, und nehmen Sie sich genauso an, wie Sie sind. Die Selbstliebe ist nicht nur das oberste christliches Gebot, sondern auch die Basis dafür, andere Menschen zu lieben und von ihnen geschätzt zu werden!

> *Sage mir, mit wem du umgehst, so sage ich dir, wer*
> *du bist; weiß ich, womit du dich beschäftigst, so*
> *weiß ich, was aus dir werden kann.* [80]

Menschenkenntnis ist die Fähigkeit, einen Menschen aufgrund eines ersten Eindrucks richtig einzuschätzen. Je besser Sie die Menschen kennen und je genauer Sie wissen, wie sie voraussichtlich auf Ihr Verhalten reagieren werden, desto besser können Sie mit ihnen umgehen und sie beeinflussen.

Die Persönlichkeitsentwicklung eines Menschen wird stark geprägt durch den Umgang mit anderen Menschen; er passt sich in seinem Verhalten und seiner Entwicklung seiner Umgebung an. Oder haben Sie schon einmal einen Anzugträger auf einem Rockkonzert gesehen?

Der Einfluss anderer Menschen auf uns bestimmt maßgeblich unsere Zukunft. Welche Schlussfolgerung können Sie daraus ziehen? Orientieren Sie sich grundsätzlich an erfolgreichen Menschen! Wählen Sie ganz gezielt das Unternehmen aus, für das Sie gern arbeiten möchten, die Mitarbeiter, die gemeinsam mit Ihnen Erfolge feiern möchten, den Lebenspartner, mit dem Sie gemeinsam durch dick und dünn gehen, um Ihre Lebensvision Schritt für Schritt in die Tat umzusetzen.

Ihr Auftritt, bitte!

Keine zweite Chance für den ersten Eindruck

Alles kommt auf den ersten Eindruck an.[81]

Für den ersten Eindruck gibt es keine zweite Chance. Er entsteht bereits nach wenigen Sekunden und beeinflusst ein Gespräch entscheidend. Nur selten sind wir bereit, im Verlauf eines Gesprächs unser Anfangsurteil zu revidieren. Schenken Sie daher vor allem Menschen, die Sie zum ersten Mal sehen, in den ersten Momenten einer Begegnung besondere Aufmerksamkeit.

Manche Menschen besitzen einen unwiderstehlichen Charme, mit dem sie eine starke Beziehung zum Gesprächspartner aufbauen und ihn für sich gewinnen. Fehlt Ihnen diese Eigenschaft, können Sie mit ein paar Kniffen und Tricks nachhelfen, bei Ihren Gesprächspartnern gut anzukommen.

*Der erste Eindruck findet uns willig und der Mensch
ist gemacht, daß man ihn das Abenteuerlichste
überreden kann.*[82]

Wir Menschen entscheiden innerhalb der ersten Sekunden, ob uns
ein Gesprächspartner sympathisch ist oder nicht. Dieser erste Eindruck prägt das Gespräch und wirkt sich auf Ihre Beziehung zum
Gesprächspartner aus. Menschen, die Ihnen angenehm sind, behandeln Sie wohlwollend, wobei Ihre Freundlichkeit dann meistens auf fruchtbaren Boden fällt und vom Gesprächspartner erwidert wird. Personen, die beispielsweise dieselbe Universität besucht
haben oder aus derselben Region stammen, werden als sympathisch
empfunden. Je angenehmer Ihre Wirkung auf Ihren Gesprächspartner ist, desto besser können Sie verhandeln und verkaufen.

*Das Betragen ist ein Spiegel, in welchem jeder sein
Bild zeigt (sieht).*[83]

Wissenschaftler stellten spontane Bewertungen aufwendigen Per-
sönlichkeitstests gegenüber und erkannten: Die Einschätzungen
unerfahrener Testpersonen nach rund 30 Sekunden in Bezug auf
Eigenschaften wie Selbstsicherheit und Ausstrahlung sind fast genauso zuverlässig wie die ausführlichen Tests der Forscher. Mit bestimmten Verhaltensweisen können Sie allerdings beeinflussen,
ob Sie einen guten oder weniger guten ersten Eindruck hinterlassen.

*Im Wissen wie im Handeln entscheidet das Vorurteil
alles, und das Vorurteil, wie sein Name wohl
bezeichnet, ist ein Urteil vor der Untersuchung.*[84]

Unser erster Eindruck wird maßgeblich durch die selektive Wahrnehmung beeinflusst. Das heißt, wir nehmen nur bestimmte Aspekte des Gesprächspartners wahr und blenden andere aus. Dieses Beachten schafft Verstärkung: Wenn Sie sich auf die positiven
Seiten eines Gesprächspartners konzentrieren, so werden diese

deutlich sichtbar. Suchen Sie nach negativen Seiten, finden Sie diese genauso zuverlässig.

Das menschliche Gehirn ist nicht in der Lage, alle einwirkenden Informationen gleichzeitig bewusst zu erfassen. Dinge, die das eigene Weltbild bekräftigen, werden stärker wahrgenommen als solche, die es beeinträchtigen. Aus diesem Grund lassen wir uns von Anreizen leiten, die unsere Anschauungen bestätigen (mehr zur „selektiven Wahrnehmung" auf Seite 115 sowie 120 ff.). Innerhalb weniger Momente werden Eindrücke – meist unbewusst – mit bereits vorhandenen und abgespeicherten Mustern verglichen und beurteilt. Dieses Beurteilungssystem ist verantwortlich für Ihre weitere Wahrnehmung, die vornehmlich die einmal getroffene Bewertung bestätigt. Vereinfacht dargestellt heißt das: Landet ein Mensch nach wenigen Sekunden in Ihrer Gehirn-Schublade mit der Aufschrift „sympathisch", halten Sie im Gesprächsverlauf unbewusst Ausschau nach weiteren Argumenten für dieses Vorurteil. Sortieren Sie ihn hingegen in die Schublade „unsympathisch", suchen Sie auch in diesem Fall nach entsprechenden Beweisen. Aus dem ersten Eindruck kann auf solche Weise leicht eine sich selbst erfüllende Prophezeiung entstehen.

Es hört doch nur jeder, was er versteht.[85]

Wenn Sie erkennen, dass Ihr Gesprächspartner sich ein Bild von Ihnen gemacht hat, können Sie auf zweierlei Art damit umgehen: Sie sind der Meinung, dass diese Bewertung den Tatsachen entspricht, dann bestärken Sie Ihren Gesprächspartner in seinem Urteil. Hält er Sie beispielsweise für redegewandt, ziehen Sie alle Register Ihrer Kommunikationsstärke, um seinen Eindruck zu bestätigen. Oder sind Sie der Auffassung, dass seine Beurteilung nicht zutrifft? So ändern Sie die Einschätzung Ihres Gesprächspartners, indem Sie ihm gute Gründe für eine andere Bewertung liefern. Hält Ihr Verhandlungspartner Sie beispielsweise aufgrund seines ersten Eindrucks für nicht kompetent, dann präsentieren Sie ihm Referenzen, die das Gegenteil beweisen.

Achten Sie in jedem Fall darauf, dass der Ton die Musik macht und Sie selbstsicher wirken. Das sind die Fundamente für einen starken ersten Eindruck. Machen Sie sich auch in schwierigen Situationen klar, dass Sie schon *vor* dem Gespräch einen positiven Eindruck hinterlassen haben – sonst säßen Sie jetzt Ihrem Gesprächspartner nicht gegenüber!

Maßgeschneiderte Regeln für Ihren starken Auftritt

Sein hoher Gang,
Sein' edle Gestalt,
Seines Mundes Lächeln,
Seiner Augen Gewalt,
Und seiner Rede
Zauberfluß ... [86]

Wir Menschen sind „Augentiere": Über 80 Prozent der gewünschten Informationen erhalten wir vom Sehsinn. Es ist daher vornehmlich Ihr Äußeres, mit dem Sie Wohlwollen oder Ablehnung hervorrufen. Um also einen ersten guten Eindruck beim Gesprächspartner zu hinterlassen, gilt es, einige Regeln zu beherzigen:

- Pflegen Sie besonders Ihre Haare, Ihr Gesicht und Ihre Hände, sie sind das Einzige, was Ihr Gesprächspartner von Ihnen wirklich sehen kann. Alles andere wird fast immer von Ihrer Kleidung verdeckt.
- Achten Sie auf eine offene Körpersprache und eine aufrechte Haltung, so werden Sie als aufgeschlossene und aufrechte Persönlichkeit wahrgenommen.
- Halten Sie Blickkontakt. Starren Sie den anderen allerdings nicht permanent an, sondern lassen Sie Ihre Augen wandern. Statt dem Gegenüber immer in die Augen zu schauen, können Sie den Blick auch mal auf dessen Nase oder kurzzeitig zur Seite richten.
- Variieren Sie beim Sprechen Lautstärke, Betonung und Redegeschwindigkeit, Sie wirken damit interessanter. Probieren Sie das mal mit dem umgangssprachlichen „Okay" aus und lassen Sie sich überraschen, was Sie aus diesem Wörtchen alles herausholen können.

- Setzen Sie Ihre Arme und Hände beim Reden ein. Kommentieren und unterstreichen Sie so Ihre Aussagen, das wirkt sehr engagiert. Agieren Sie mit Händen und Armen oberhalb Ihrer Gürtellinie – dies wird unbewusst als positiver Bereich aufgefasst. Auch eine lebhafte Mimik wirkt sympathisch. Sie signalisiert Ihrem Gesprächspartner Interesse und Engagement.
- Stehen Sie mit beiden Beinen fest auf dem Boden (der Tatsachen). Sie haben dann einen festen Standpunkt und ein souveränes Auftreten.
- Achten Sie auch aufmerksam auf die Körpersprache Ihres Gegenübers: Sie ist Ausdruck seiner Seele! Gespräche verlaufen leichter und erfolgreicher, wenn Sie sie zu deuten wissen.

Der Händedruck eines Fürsten, und das Lächeln einer schönen Frau, halten fester als Ketten und Riegel.[87]

Unsere Vorfahren machten über den Händedruck deutlich, dass sie in ihrer rechten Hand keine Waffe trugen. In unseren Breiten signalisiert heute ein kräftiger Händedruck – insbesondere unter Männern – Selbstvertrauen und Durchsetzungskraft. Wer dagegen einen sehr schwachen Händedruck hat, wird als unsicher und willensschwach wahrgenommen.

Ihre Augen sind der Spiegel Ihrer Seele: Mit einem strahlenden Lächeln und leuchtenden Augen wecken Sie bei Ihrem Gesprächspartner Sympathie, ein Verlegenheitslächeln signalisiert ihm Unsicherheit. Erinnern Sie sich vor und auch während des Gesprächs an heitere Situationen, Ihr Lächeln wirkt dann authentisch.

Übrigens: Ihr Gesicht wird Ihnen geschenkt, Lächeln müssen Sie schon selbst. Für ein Lächeln setzen Sie weniger Muskeln ein als für ein ernstes Gesicht und ein freundliches Gesicht kommt immer besser an als ein ernstes. Lächeln Sie in die Welt und die Welt lächelt zurück!

Eine Geste der Zuneigung sagt mehr
als viele Worte

Die Botschaft hör' ich wohl, allein mir fehlt der Glaube.[88]

Rund 55 Prozent der Informationen unseres Gesprächspartners nehmen wir über seine Körpersprache wahr, also über Mimik, Gestik und Körperhaltung. Zu über einem Drittel werden wir über Stimme und Aussprache unseres Gegenübers beeinflusst und knapp 10 Prozent entnehmen wir dem Gesagten, also dem Inhalt. Das bedeutet allerdings nicht, dass Sie sich nicht mehr inhaltlich auf Ihre Gespräche vorbereiten sollen: Selbstverständlich bleibt der Inhalt wichtig, aber Stimme und Körpersprache sind noch wichtiger!

Die meisten Menschen konzentrieren sich in erster Linie bewusst auf die Inhalte. Die wesentlichen Informationen jedoch, die über Körpersprache und Stimme vermittelt werden und denen sie am meisten Glauben schenken, nehmen sie unbewusst wahr. Was also können Sie tun, um wirkungsvoller zu kommunizieren? Konzentrieren Sie sich intensiver auf Ihre eigene Körpersprache und Stimme – und die Ihres Gesprächspartners: Das ist der direkte Weg für ein ehrliches und erfolgreiches Miteinander.

Setz' dir Perücken auf von Millionen Locken,
Setz' deinen Fuß auf ellenhohe Socken,
Du bleibst doch immer was du bist.[89]

Menschen mit Charisma kommunizieren konstruktiv mit ihrer Umwelt. Seien Sie authentisch und bringen Sie das Gesagte in Einklang mit Ihrer Körpersprache. Ihre Ausstrahlung erhöhen Sie nicht dadurch, dass Sie Gesten einüben, die Sie nicht innerlich spüren: Bleiben Sie sich auch in der Kommunikation mit anderen treu!

Wie schwankend ist doch das Urteil der Menschen,
selbst der Verständigsten![90]

Der letzte Eindruck beeinflusst nachhaltig die Erinnerung Ihres Gesprächspartners. Frühere Informationen können damit unverhältnismäßig stark überdeckt werden. Lässt beispielsweise Ihre Konzentration am Ende eines Gesprächs nach, kann Sie das den Gesprächserfolg kosten. Zeigen Sie also bis zum Abschluss des Gesprächs Interesse und Aufmerksamkeit und halten Sie vor allem eine starke Beziehung zu Ihrem Gegenüber aufrecht, bis Sie sich verabschiedet haben. Bringen Sie Ihren Gesprächspartner mit einer freundlichen und verbindlichen Art in einen angenehmen Zustand, so wird er sich gern an Sie erinnern.

Wirkungsvoll und erfolgreich kommunizieren

Miteinander sprechen statt aneinander vorbei

Niemand würde viel in Gesellschaften sprechen,
wenn er sich bewußt wäre, wie oft er die andern
mißversteht.[91]

Gegen Ende des 19. Jahrhunderts wollte Mark Twain einmal beweisen, dass auf einer New Yorker Abendgesellschaft keiner dem anderen richtig zuhört, weil alle mit sich selbst beschäftigt sind und nur oberflächlich aneinander vorbeireden. Nachdem er zu spät auf einer festlichen Veranstaltung erschienen war, wurde er von der Gastgeberin mit den warmen Worten empfangen: „Kommen Sie herein, mein Lieber. Da drüben steht der Botschafter von Malaysia, ich stelle Sie gleich vor …" „Entschuldigen Sie bitte meine Unpünktlichkeit", sagte Mark Twain, „aber ich musste meiner alten Tante noch den Hals umdrehen und das dauerte etwas länger, als ich angenommen hatte." Die Gastgeberin erwiderte: „Wie reizend von Ihnen, dass Sie trotzdem gekommen sind. Kommen Sie, der Botschafter ist wirklich ein hochinteressanter Mann …"

Es geht uns der ganze Gewinn des Lebens verloren,
wenn wir uns nicht mitteilen können ...[92]

Tagtäglich werden wir mit Schwierigkeiten bei der Kommunikation konfrontiert. Miteinander reden ist gar nicht so einfach. Nicht von ungefähr bekommen wir ab und zu die vorwurfsvollen Worte „Da haben Sie mich aber missverstanden" zu hören. Wie können Sie dem entgegenwirken?

Die hohe Kunst der Gesprächsführung beginnt, wenn Sie *mit* dem anderen sprechen, statt an ihm vorbei.

Wir lernen die Menschen nicht kennen, wenn sie zu
uns kommen;
wir müssen zu ihnen gehen, um zu erfahren, wie es
mit ihnen steht.[93]

Unter den zahlreichen Methoden für gelungene Gesprächsführung gehört das „Inselmodell" der bekannten Trainerin Vera F. Birkenbihl zu den anschaulichsten. Stellen Sie sich einen in einem Kreis stehenden Menschen vor. Dieser Kreis symbolisiert seine Insel, die seine Überzeugungen – sein Weltbild – repräsentiert. Der Mensch hält sich für den Mittelpunkt dieser Welt. Bleibt jeder auf seiner Insel allein und überschneiden sich die einzelnen Inseln der Menschen nicht, dann sprechen sie nicht *mit* ihrem Gesprächspartner, sondern an ihm vorbei: Vielfach interessieren sich die Menschen mehr für ihre eigenen Bedürfnisse als für die ihrer Gesprächspartner. Wenn Sie beispielsweise Ihren Kollegen fragen „Lass uns endlich von dir sprechen: Was hältst du von meinem neuen Büro?", bleiben Sie eindeutig auf *Ihrer* Insel.

Laß die Sprache dir sein, was der Körper den
Liebenden. Er nur ist's, der die Wesen trennt, und
der die Wesen vereint.[94]

Eine alte Regel besagt: Je ähnlicher uns ein Mensch in seinem Denken und Handeln ist, desto lieber wollen wir mit ihm kommunizieren. Um im Bild zu bleiben: In diesem Fall überschneiden sich die Inseln der beiden Gesprächspartner. Das heißt im Umkehrschluss: Von den Inseln der Menschen, die andere Meinungen vertreten als Sie, sind Sie durch das Meer, sprich eine Distanz, getrennt. Wie lässt sich der Abstand zwischen den Inseln überwinden? Gehen Sie auf Ihren Gesprächspartner zu, indem Sie eine Brücke zu seiner Insel bauen. In die Praxis umgesetzt heißt das: Stellen Sie ihm Fragen; an seinen Antworten erkennen Sie, wo er sich gedanklich gerade aufhält – jetzt befinden Sie sich auf seiner Insel. Insbesondere Antworten auf die Frage nach dem vergangenen oder nächsten Urlaub lassen in aller Regel tief blicken.

Die eigene Insel zu vergrößern ist ein weiterer Weg, um auf die Insel des anderen zu gelangen: Je weiter Ihr Wissen und je größer Ihr Erfahrungsschatz ist, umso besser können Sie mit anderen Menschen kommunizieren, selbst wenn diese nur über einen relativ begrenzten Horizont verfügen. Mit Ihrem Kunden fachsimpeln Sie über dessen Branche, mit Ihren Kindern über Grimms Märchen.

Setzen Sie die Du-Argumentation ein: Damit begeben Sie sich direkt auf die Insel Ihres Gesprächspartners und gehen auf seine Wünsche und Meinungen ein: „Sie erhalten die Garantie, dass …" ist deutlich wirkungsvoller als „Wir geben die Garantie, dass …", weil Sie ein- und denselben Nutzen aus der Perspektive des Gesprächspartners beleuchten.

Eiserne Kommunikationsregeln

Sobald man spricht, beginnt man schon zu irren![95]

Möchten Sie Ihre Gespräche erfolgreich führen, dann gilt es, einige Regeln zu beachten:
1. Wahr ist nicht, was Sie Ihrem Gesprächspartner mitteilen, sondern was bei ihm ankommt. Die Annahme, dass jeder sofort versteht, was Sie mit Ihrer Aussage meinen, ist die häufigste Ursache für missglückte Kommunikation. Ein formidables Beispiel liefert eine alte Mönchsregel: „Wenn deine Augen eine Frau erblicken, schlage sie nieder." (Wussten Sie übrigens, dass

formidabel sowohl „furchtbar" als auch „großartig" bedeuten kann?)

2. Sie erzielen ein gutes Verhandlungsergebnis, wenn Sie sich für den Erfolg des Gesprächs verantwortlich fühlen und sich im Zweifel bei Ihrem Gesprächspartner danach erkundigen, ob er Sie richtig verstanden hat.

Sich mitzuteilen ist Natur; Mitgeteiltes aufzunehmen, wie es gegeben wird, ist Bildung.[96]

Auf der einen Seite ist es eine Kunst, die eigenen Gedanken in verständliche Worte zu kleiden und sich eindeutig mitzuteilen. Auf der anderen Seite erfordert es auch einiges Geschick, die Aussage des Gesprächspartners so zu verstehen, wie er sie meinte. Um zwischen den Zeilen zu erkennen, was der andere tatsächlich ausdrücken möchte, hilft ein Perspektivenwechsel: Nehmen Sie den Standpunkt des anderen ein, indem Sie also die Dinge von dessen Insel aus betrachten. Beobachten Sie Ihren Gesprächspartner. Es stimmt nicht, dass ein Gespräch nur über Sprache gesteuert wird. Deutlich mehr nehmen Sie beispielsweise über den erhobenen Zeigefinger des Gegenübers, sein demonstratives Verschließen der Arme und sein unruhiges Spiel mit dem Stift wahr. Eine bekannte Kommunikationsregel des amerikanischen Bestseller-Autors Stephen R. Covey lautet: „Erst verstehen, dann verstanden werden" – das ist der Schlüssel für Ihren Gesprächserfolg.

Dabei hilft Ihnen auch hier das Wundermittel Fragetechnik: Fragen Sie nach, wenn sich Ihr Gesprächspartner missverständlich ausgedrückt hat. Eine chinesische Weisheit besagt: Seien Sie lieber für fünf Minuten ein Narr, indem Sie nachfragen, als ein Leben lang ein Narr, indem Sie es nicht tun.

Aktiv zuhören – besser kommunizieren

Wer vor andern lange allein spricht, ... erregt Widerwillen.[97]

Wir haben zwei Ohren und einen Mund, damit wir doppelt so lang zuhören wie sprechen. Das aktive Zuhören ist eine der wichtigsten Gesprächsführungstechniken, die Sie in der Kommunikation mit anderen einsetzen können, um Ihre Gesprächsergebnisse zu verbessern: Hören Sie aktiv zu! Signalisieren Sie Ihrem Gesprächspartner, dass er Ihnen etwas bedeutet, schauen Sie ihm in die Augen und konzentrieren Sie sich auf ihn. So können Sie seine Sachbotschaften und die Hinweise durch seine Körpersprache am besten wahrnehmen und deuten. Zeigen Sie ihm über eigene körpersprachliche Signale wie Blickkontakt und Kopfnicken, dass Sie ihm folgen, ihn anerkennen und sich für sein Thema interessieren. Ihr aufrichtiges und freundliches Entgegenkommen bringt Ihnen bei Ihrem Gesprächspartner einen Sympathiebonus ein. Das Gleiche gilt für das „soziale Murmeln": Das sind Äußerungen wie „Hm", „Aha" oder „Ja".

Überprüfen Sie auch, ob Sie Ihren Gesprächspartner richtig verstanden haben. Formulieren Sie dazu bestimmte Gesprächsabschnitte um und wiederholen Sie das Gesagte: „Habe ich Sie da richtig verstanden, dass ..." Das hilft Ihnen beiden, sich gegenseitig besser zu verstehen. Außerdem vermitteln Sie Ihrem Gesprächspartner das Gefühl, dass Sie sich für ihn und seine Bedürfnisse interessieren und das Gespräch konstruktiv gestalten wollen.

Das aktive Zuhören wird im Alltag oft vernachlässigt. Beherrschen Sie es, schaffen Sie eine positive Atmosphäre und legen damit den Grundstein für ein erfolgreiches Gespräch.

Wenn du eine weise Antwort verlangst,
Mußt du vernünftig fragen.[98]

Wer fragt, der öffnet den Geist des Gesprächspartners. Wenn Sie fragen, lenken Sie seine Gedanken in einen von Ihnen vorgegebenen Denkrahmen. Stellen Sie Ihrem Gesprächspartner intelligente

Fragen zu Dingen, die Sie für wichtig erachten, so erhalten Sie die gewünschten Informationen. Die Qualität der Antworten hängt von der Qualität Ihrer Fragen ab.

„Wer fragt, der führt." Diese bewährte Kommunikationsregel wird gern als *das* Geheimnis für erfolgreiche Gesprächsführung im beruflichen und privaten Bereich bezeichnet. Wenn Sie während eines Gesprächs viele sinnvolle Fragen stellen, dann erfahren Sie nicht nur, wo sich der andere gerade gedanklich befindet und was er von Ihnen erwartet. Sie leiten das Gespräch auch in die von Ihnen gewünschte Richtung. Die Kunst besteht darin, sein Gegenüber reden zu lassen und über Fragen den Dialog zu *führen*. Wenn Sie klug – also gezielt – fragen, erfahren Sie viel von Ihrem Gesprächspartner. Manchmal sogar mehr, als dieser von sich preisgeben wollte.

> *… der Mensch ist dem Menschen das Interessanteste und sollte ihn vielleicht ganz allein interessieren …[99]*

„Wer fragt, der gewinnt" – den Gesprächspartner für sich. Aus psychologischer Sicht wirkt jede ehrlich gemeinte Frage auf den Gesprächspartner – bewusst oder unbewusst – als Streicheleinheit: Fragen signalisieren Interesse an der „Insel" des anderen. Erkundigen Sie sich beispielsweise danach, wie seine Geschäfte laufen oder wie es seinen Kindern geht, dann wird er sich Ihnen und Ihrem Anliegen wohlwollend öffnen.

Auf der gleichen Wellenlänge – dank Spiegelneuronen

> *Denn freilich regt sich in jedem Menschen ein gewisses unbestimmtes Verlangen, dasjenige, was er sieht, nachzuahmen.[100]*

Diese Beobachtung Goethes wurde 1995 von italienischen Forschern mit der Entdeckung der Spiegelneuronen wissenschaftlich belegt (siehe auch Seite 40 f. und 129). Diese Spiegelneuronen sind die Erklärung für …

- unsere Freude, wenn wir – vor dem Fernseher sitzend – mit unseren Lieblingssportlern mitfiebern,
- unser Schmerzempfinden, wenn wir andere dabei beobachten, wie sie sich verletzen,
- unser Lächeln, wenn wir beispielsweise im Büro von Kollegen angelächelt wurden (das gilt auch für Gähnen und schlechte Stimmung).

Möchten Sie im Radio einen bestimmten Sender hören, müssen Sie die entsprechende Frequenz einstellen, ansonsten hören Sie nur Rauschen. Das gleiche Prinzip gilt, wenn Sie mit anderen Menschen kommunizieren: Nur wenn Sie die gleiche Wellenlänge finden, können Sie Ihren Gesprächspartner für sich gewinnen. Unbewusst imitieren wir über die Spiegelneuronen unseren Gesprächspartner, um uns in ihn hineinfühlen zu können. Nutzen Sie dies, indem Sie ganz bewusst und gezielt Ihren Gesprächspartner nachahmen: Beugt sich Ihr Gesprächspartner nach vorn? Dann tun Sie es auch. Schlägt er die Beine übereinander? Tun Sie es ihm gleich. Spiegeln Sie auch seine Sprechgeschwindigkeit, das Vokabular und insbesondere die Körpersprache, damit stellen Sie eine starke Beziehung zu ihm her. Unzählige Versuche beweisen, dass Ihrem Gesprächspartner Ihr Nachahmen nicht auffällt, sondern dass vielmehr in nahezu allen Fällen ein besseres Verhältnis zu ihm aufgebaut wird. Spiegeln bedeutet also ein Annähern von Stimme, Stimmlage und Körpersprache an den anderen, um eine gleiche Wellenlänge und eine harmonische Stimmung herzustellen. Sie sind Ihrem Gesprächspartner sympathisch, er ist offen für Ihre Angelegenheiten und übersieht großzügig mögliche inhaltliche Schwächen Ihres Anliegens.
Beobachten Sie sich in nächster Zeit einmal selbst im Gespräch mit anderen Menschen. Sie werden entdecken, dass Sie sich dank Spiegeltechnik mit Ihren Gesprächspartnern einfach besser verstehen. Wichtig: Mit Spiegeln ist kein Nachäffen gemeint, sondern ein Sich-auf-den-anderen-Einlassen.
Wenn Sie auf der gleichen Wellenlänge mit Ihrem Gesprächspartner sind, können Sie einen Schritt weiter gehen. Das heißt, dass Sie im Gespräch die Führungsrolle durch Fragen übernehmen. Über diesen Weg können Sie jetzt das Gespräch in Ihrem Sinne lenken.

Storytelling – die Kraft guter Geschichten

Eine Sammlung von Anekdoten und Maximen ist für den Weltmann der größte Schatz, wenn er die ersten an schicklichen Orten in's Gespräch einzustreuen, der letzten im treffenden Falle zu erinnern weiß.[101]

Bill will mit einer Ranch reich werden. Also kauft er bei einem Farmer für 100 Dollar ein Pferd. Am nächsten Tag soll es geliefert werden. Doch es kommt anders: Das Tier sei in der Nacht gestorben, bedauert der Farmer. „Kein Problem", sagt Bill. „Gib mir einfach mein Geld zurück." Doch der Farmer weigert sich: „Das Geld habe ich gestern schon für Dünger ausgegeben." Da überlegt Bill kurz und fordert: „Dann gib mir wenigstens das tote Pferd. Ich will es verlosen." Der Farmer ist verwirrt: „Du kannst doch kein totes Pferd verlosen!" „Doch", sagt Bill, „ich erzähle einfach keinem, dass es schon tot ist."
Monate später laufen sich Bill und der Farmer zufällig über den Weg. Dem Farmer fallen sofort Bills feine Kleider auf. „Und", fragt der Farmer neugierig, „wie ist es mit deiner Verlosung gelaufen?" Bill grinst: „Sehr gut! Ich habe über 500 Lose zu je zwei Dollar verkauft." Der Farmer ist verdutzt: „Aber gab es denn keine Reklamationen wegen des toten Pferdes?" Bill grinst noch breiter: „Doch, der Gewinner hat sich beschwert", sagt Bill, „aber dem habe ich einfach seine zwei Dollar zurückgegeben."
Die Geschichte von Bill machte nach der Finanzkrise im Jahr 2008 im Internet die Runde. Was Finanzexperten kaum in Worte kleiden können, leistet dieses kleine Gleichnis: Ein riesiges Geschäft mit nichtigen Wertpapieren, bei dem sich einige wenige eine goldene Nase verdienen und die meisten anderen leer ausgehen.

Soweit das Ohr, soweit das Auge reicht,
Du findest nur Bekanntes, das ihm gleicht,
Und deines Geistes höchster Feuerflug
Hat schon am Gleichnis, hat am Bild genug …[102]

Das ist die Macht guter Geschichten: Ohne erhobenen Zeigefinger helfen sie uns in Form von Anekdoten, Fabeln, Parabeln, Gleichnissen und Legenden, auch komplexe Zusammenhänge zu verstehen. Idealerweise führen sie den Leser beziehungsweise Zuhörer zu einer Einsicht und bewegen ihn zu einem veränderten Verhalten. Im Management feiert die Geschichte als „Storytelling" fröhliche Urständ. Aufgrund ihrer bildhaften Sprache, die gezielt die Gefühlswelt der Zuhörer anspricht, werden komplizierte Inhalte durchschaubar und Mitarbeiter sind leichter zu motivieren. Nutzen Sie die Kraft der Geschichten im Umgang mit Mitarbeitern, in Besprechungen und in Verkaufsgesprächen mit Kunden. Geschichten gelten als extrem wirksame Kommunikationswerkzeuge, weil sie als starke psychologische Wahrnehmungsfilter wirken und die Zuhörer unbewusst beeinflussen. Eine gute Anekdote ist weit mehr wert als 1.000 Statistiken.

Wie Sie die Kunst der Rhetorik für sich nutzen

Allein der Vortrag macht des Redners Glück.[103]

Eine Rede ist eine vorzügliche Möglichkeit, den Redner besser kennenzulernen. Als Redner präsentieren Sie nicht nur ein bestimmtes Thema, Sie präsentieren in erster Linie sich selbst. Ihr wirksamstes Werkzeug ist Ihre Rhetorik, die Kunst der Beredsamkeit und des Überzeugens.
Rhetorik hilft Ihnen, sich verständlich auszudrücken und andere in Besprechungen, Mitarbeiter- und Kundengesprächen für Ihre Themen zu gewinnen. Außergewöhnlich gute Redner lieben ihre Vorträge und Reden. Sie wissen: Reden lernt man nur, indem man redet!

Da ich mich in meinem Leben vor nichts so sehr als
vor leeren Worten gehütet, und mir eine Phrase,
wobei nichts gedacht und nichts empfunden war, an
andern unerträglich schien, an mir unmöglich
schien ...[104]

Nichts wirkt so lähmend wie eine farblose Rede. Und nichts wirkt so motivierend wie eine klare Botschaft. Über den Erfolg Ihrer Rhetorik entscheidet nicht die Menge der Wörter, sondern wie wirkungsvoll Sie reden. Angesehene Führungskräfte müssen keine großen Worte machen und haben doch etwas zu sagen. Leeres und langatmiges Gerede in Präsentationen oder Besprechungen wird von Ihren Zuhörern als Zeitdiebstahl enttarnt.

Zeigen Sie, dass Sie die hohe Kunst der Rhetorik beherrschen: Drücken Sie auch komplexe Sachverhalte leicht verständlich aus. Ein gefestigtes Wertesystem, zielgerichtete Gedanken, sich kurz fassen: Das sind die Zutaten für eine klare Botschaft.

> *Wenn ihr's nicht fühlt, ihr werdet's nicht erjagen,*
> *Wenn es nicht aus der Seele dringt,*
> *Und mit urkräftigem Behagen*
> *Die Herzen aller Hörer zwingt.*[105]

In Ihnen muss brennen, was Sie in anderen entzünden möchten: Seien Sie von Ihren eigenen Ideen und Zielen begeistert, um Ihre Zuhörer davon zu überzeugen. Seien Sie von Ihren Zuhörern begeistert, damit Sie diese für sich gewinnen. Und seien Sie insbesondere von sich selbst begeistert, um Ihre Zuhörer für Ihre Sache begeistern zu können.

Falls Sie noch auf der Suche nach einem erfolgreichen Vorbild sind: Der Redner mit den höchsten Klickraten auf YouTube, der immer wieder in flammenden Ansprachen kunstvoll seine eigene Botschaft mit den Gefühlen des Publikums verknüpft, ist Rhetorik-Meister Barack Obama.

Wie Sie sich selbst überwinden und Selbstvertrauen gewinnen

Nur wer Grenzen überschreitet, kann wachsen

Wer überwindet, der gewinnt.[106]

Vor einiger Zeit fragte ein Reporter einen bulgarischen Weltmeister im Gewichtheben: „Wenn Sie trainieren und zehnmal ein Gewicht stemmen, welche der zehn Wiederholungen ist die wichtigste?" Was meinen Sie, wie der Weltmeister antwortete?

Er hätte zum Beispiel sagen können: „Die erste." Das wäre eine intelligente Antwort gewesen, weil bekanntlich auch die längste Reise mit dem ersten Schritt beginnt. Genauso schlau wäre es gewesen, wenn er „Alle Wiederholungen sind wichtig" erwidert hätte, da es auf jeden einzelnen Schritt auf dem Weg zum Ziel ankommt. Nun hätte der Gewichtheber ebenso antworten können: „Die zehnte." Auch das wäre klug gewesen, weil wir schließlich nicht für das Beginnen, sondern für das Beenden bezahlt werden. Was also hat der Weltmeister geantwortet? Er sagte: „Die elfte."

Mit seltsamen Gebärden
Gibt man sich viele Pein,
Kein Mensch will etwas werden,
Ein jeder will schon was sein.[107]

Dinge, die wir tagtäglich aufs Neue tun, werden zur Routine. Viele Menschen haben es sich auf ihrer „Insel" (siehe „Inselmodell" auf Seite 60 ff.), also in ihrer „kleinen Welt", gemütlich eingerichtet. Sie führen ein geordnetes, überschaubares Leben und hoffen im Stillen auf den Lottogewinn. In dieser Komfortzone fühlen sie sich geborgen, es herrschen vermeintlich Ruhe und Sicherheit. Persönliches Wachstum kann allerdings nur außerhalb der Komfortzone stattfinden.

*Denn es beschleichet die Furcht gar bald die Herzen
der Menschen ...*[108]

Warum verharren so viele Menschen in der Komfortzone und wieso überwinden so wenige deren Grenzen, um in die Wachstumszone zu gelangen? Die größten Erfolgsverhinderer sind Bequemlichkeit und Angst: Angst vor Misserfolg, Entlassung, Krankheit und schließlich vor dem Tod. Diese Ängste verursachen Unsicherheiten und Hemmungen, sie blockieren unser Denken, lassen uns keine Entscheidungen treffen und bremsen unser Handeln.

*Ei, bin ich denn darum achtzig Jahre alt geworden,
daß ich immer dasselbe denken soll? Ich strebe
vielmehr täglich, etwas anderes, Neues zu denken,
um nicht langweilig zu werden. Man muß sich
immerfort verändern, erneuern, verjüngen, um
nicht zu verstocken.*[109]

Wer sich nicht mehr verändert, fällt zurück, wird engstirnig und geht mit Scheuklappen durchs Leben. Der Preis für ein Leben in der Komfortzone ist hoch: Es ist dieses diffuse Gefühl, den Anschluss an die Welt „da draußen" zu verlieren und Opfer der Mächtigen „da oben" zu sein.

*Ach! unsre Taten selbst, so gut als unsre Leiden,
Sie hemmen unsres Lebens Gang.*[110]

Unsere Hemmungen hindern uns daran, mögliche Geschäfte abzuschließen, erstklassige Chancen zu ergreifen und Erfolg versprechende Potenziale zu nutzen. Anstatt die Herausforderungen des Alltags aktiv anzugehen und die eigenen Ziele zügig zu realisieren, agieren wir entweder gar nicht oder sogar mit Abwehr.

*Es wird einem nichts erlaubt, man muß es nur sich
selber erlauben; dann lassen sich's die andern gefallen
oder nicht.*[111]

Was können Sie tun, um Ängste und Blockaden zu überwinden? Dies ist eine Frage der inneren Einstellung: Leben Sie nach dem Motto „Handle mutig und du wirst mutig"! (Lesen Sie mehr zur „inneren Einstellung" auf Seite 120 ff.)

Und zwar genau in dieser Reihenfolge. Sie müssen erst Dinge wagen, die Sie sich normalerweise nicht zutrauen. Wenn Sie diese dann trotzdem tun, wächst Ihr Selbstwertgefühl. Das ist Ihr Weg in die Wachstumszone. Obwohl Sie nicht wissen, wie es ausgeht: Sie präsentieren trotzdem Ihre neuartigen Ideen in der Besprechung, Sie stellen dennoch Ihre Produkte bei der Kaltakquise vor und Sie sprechen auch den Chef auf mehr Gehalt an!

Feiger Gedanken
Bängliches Schwanken,
Weibisches Zagen,
Ängstliches Klagen
Wendet kein Elend,
Macht dich nicht frei.[112]

Die meisten Menschen wollen erst dann mutig sein, wenn sie selbstbewusst genug sind. Diese innere Einstellung verhindert Erfolge – sowohl im Beruf als auch im Privaten. Hören Sie auf zu klagen! Hören Sie auf, den anderen die Schuld in die Schuhe zu schieben und sich als Opfer zu fühlen: So geben Sie nämlich Ihre Macht an die anderen ab, Sie sind dann im wahrsten Sinne des Wortes ohnmächtig. Seien Sie lieber Macher als Opfer und übernehmen Sie konsequent die Verantwortung für Ihr Leben – das ist der Weg, der Sie frei macht.

Man säe nur, man erntet mit der Zeit.[113]

Sie müssen zuerst Mut säen, damit Sie nach einiger Zeit Selbstvertrauen ernten können! Kein Bauer käme auf die Idee, sich auf seinen Acker zu stellen und von seinem Land eine gute Ernte zu fordern, wenn er nicht zuvor gesät hätte. So handeln allerdings viele Menschen: Sie dümpeln vor sich hin und geben dann anderen oder dem Schicksal die Schuld für ihren Misserfolg.

... nur der innere Trieb, die Lust, die Liebe helfen
uns Hindernisse überwinden, Wege bahnen, und aus
dem engen Kreise, worin sich andere kümmerlich
abängstigen, emporzuheben.[114]

Sie entwickeln Ihre Persönlichkeit immer nur außerhalb der engen Komfortzone. Es ist die durch Ihre Ziele ausgelöste innere Motivation, die Sie Hindernisse auf dem Weg zum Ziel überwinden und die Grenzen Ihrer kleinen Welt durchbrechen lässt. (Vgl. dazu auch Seite 139 ff.) Hinter diesen Grenzen warten Ihre Herausforderungen, das Leben fordert Sie im wahrsten Sinne des Wortes heraus (sonst müsste es ja „Hereinforderungen" heißen).

Von der Gewalt, die alle Wesen bindet,
befreit der Mensch sich, der sich überwindet.[115]

Fairerweise sollte der Preis für das Leben in der Wachstumszone nicht unerwähnt bleiben: In ihr finden Sie wenig Sicherheit, dafür ein erhöhtes Risiko. In ihr zu leben kann auch heißen, bei einzelnen Projekten mit Pauken und Trompeten unterzugehen.
Der Lohn für ein Leben in der Wachstumszone ist allerdings hoch: Sie gewinnen Ihre persönliche Freiheit zurück. Während die anderen bei jedem Problem zum Chef laufen und um Hilfe bitten, suchen Sie selbstständig nach Lösungen und handeln entsprechend. Sie gehen die Dinge gedanklich flexibler und viel zielstrebiger an als früher. Bisher wurden Ihre Entscheidungen von Ihrer Angst bestimmt, heute vertrauen Sie immer häufiger Ihrer Intuition.

So gewinnen Sie mehr Selbstvertrauen

Er pflegte gern zu behaupten, daß sowohl bei der
Erziehung der Kinder als bei der Leitung der Völker
nichts ungeschickter und barbarischer sei als Verbote,
als verbietende Gesetze und Anordnungen.[116]

Selbstvertrauen ist nicht vererbbar, es wird erworben. Der Grundstein für ein starkes Selbstvertrauen wird in der Kindheit gelegt. Je mehr positive Gefühle ein Kind erlebt, je mehr es anerkannt und wertgeschätzt wird, desto leichter fällt es ihm, sich selbst zu vertrauen. Wie war das damals bei Ihnen?

Auch die Ursachen für ein schwach ausgeprägtes Selbstvertrauen gehen vielfach auf die Kindheit zurück, in der Erwachsene und auch Gleichaltrige uns straften, wenn wir uns anders verhielten als gewünscht. Das klang dann oft so: „Lass das, das darfst du nicht." „Mit dir spiele ich nicht, du bist zu klein." „Mach nur weiter so, dann wirst du später Straßenkehrer." Das ist ein sicherer Weg, Kinder zu verunsichern und zu entmutigen.

> *Ein großer Fehler: daß man ... sich weniger schätzt,*
> *als man wert ist.*[117]

Wie also können Sie ein starkes Selbstvertrauen aufbauen? Basis für ein starkes Selbstvertrauen ist ein gesundes Selbstwertgefühl. Je mehr Sie Ihren Wert schätzen, desto eher werden Sie sich selbst vertrauen. Oft ist es so, dass wir uns selbst viel dümmer, dicker und unfähiger sehen, als wir es tatsächlich sind. Wir sind unzufrieden mit uns selbst, weil wir zu streng mit uns ins Gericht gehen. Die Menschen mit den höchsten Anforderungen an sich selbst schätzen sich oft gering, weil sie ihre eigenen Anforderungen nicht erfüllen können. Verzichten Sie auf Perfektion! Streben Sie nicht das Maximum, sondern das Optimum an. Nehmen Sie sich vor allem so an, wie Sie sind. Diese Selbstakzeptanz ist *die* Basis, um Selbstvertrauen aufbauen zu können.

> *Wenn wir in raschen, mutigen Momenten*
> *Auf unsern Füßen stehen, strack und kühn,*
> *Als eigner Stütze froh uns selbst vertraun,*
> *Dann scheint uns Welt und Himmel zu gehören.* [118]

Ein gesundes Selbstvertrauen ist eines der Geheimnisse des Erfolgs. Es wächst mit jedem gelungenen Projekt, Sie befinden sich dann in einer Art Glücksspirale. Vertrauen Sie auf Ihr Wissen und Ihre Erfahrung, Gutes geleistet zu haben. Je mehr Erfolge Sie in Ihrem Leben verzeichnen, desto ausgeprägter wird Ihr Selbstvertrauen, auch größere Aufgaben zu übernehmen. Niederlagen fassen Sie als Hinweise dafür auf, wie Sie es beim nächsten Mal besser machen können. Grenzenlose Energie und echte Begeisterung begleiten Sie auf Ihrem Weg zu phänomenalen Erfolgen. Sie wissen: Je mehr Sie sich selbst und Ihren Fähigkeiten vertrauen, desto eher können Sie Ihr Leben nach Ihren Wünschen gestalten.

Und wenn ihr euch nur selbst vertraut,
Vertrauen Euch die andern Seelen.[119]

Kein Mitarbeiter lässt sich gern von einem Vorgesetzten anleiten, dem es an Selbstvertrauen und Engagement fehlt: Je größer Ihr Glaube an sich selbst, desto stärker Ihre Wirkung nach außen. In dem Maße, in dem Sie sich selbst vertrauen, werden Ihnen auch die anderen vertrauen.

Sobald du dir vertraust, sobald weißt du zu leben.[120]

Edward Lorenz, der Vater der Chaostheorie, entdeckte den berühmten Schmetterlingseffekt: Schlägt ein Schmetterling in Brasilien mit den Flügeln, kann er damit einen verheerenden Tornado in Texas auslösen. Dieses bildhafte Beispiel bedeutet, dass selbst kleine Auslöser (in Ihrem Verhalten) zu großen Veränderungen (im Hinblick auf Ihr Selbstvertrauen) führen können. Beginnen Sie also mit einer kleinen Veränderung. Je kleiner Sie anfangen, desto höher ist die Wahrscheinlichkeit, dass Sie aus der Veränderung eine Gewohnheit machen (mehr zum Thema Gewohnheiten ab Seite 115).

Machen Sie es wie viele gestandene Persönlichkeiten und führen Sie ein Erfolgstagebuch: Schreiben Sie im Lauf des Tages Ihre kleinen und großen Erfolge stichwortartig darin auf – das ist die Basis für grenzenloses Selbstvertrauen, mit dem Sie ein Leben nach Ihren Vorstellungen erschaffen.

Eigenverantwortlich, ethisch und vorbildlich handeln

Eigenverantwortung

Ein jeder kehre vor seiner Tür,
Und rein ist jedes Stadtquartier.
Ein jeder übe sein' Lektion,
So wird es gut im Rate stohn![121]

Verantwortung zu übernehmen heißt, das Leben in die eigenen Hände zu nehmen. Dahinter steht die Überzeugung, dass Sie mit Ihrem freien Willen den Lauf Ihres Lebens durch Ihre Entscheidungen maßgeblich beeinflussen können: Sie verursachen Ihre Lebensumstände selbst, nur Sie selbst können sich verwirklichen.

Im Übrigen: Gäbe es den freien Willen nicht, wären wir nur die Marionetten des Zufalls. Sie sind verantwortlich für das, was Sie tun und lassen. Natürlich sind Sie nicht (allein) verantwortlich für Naturkatastrophen oder gesellschaftliche Missstände, allerdings entscheiden Sie, wie Sie damit umgehen. Dies nannte der große Psychologe und Begründer der Logotherapie Viktor Frankl unsere „letzte Freiheit": Ganz gleich was passiert, der Mensch bleibt ein selbstbewusstes Wesen, das selbst entscheiden kann, wie es damit umgeht.

Sobald Sie die Verliererstrategie aufgeben, anderen die Schuld in die Schuhe zu schieben und sich andauernd zu rechtfertigen, können Sie Ihre Lebensziele in die Tat umsetzen. Ein praktisches Beispiel: Ihre Abteilung hat ein Projekt in den Sand gesetzt. Sie haben jetzt zwei Möglichkeiten: Entweder Sie suchen die Schuldigen unter Ihren Mitarbeitern und Vorgesetzten. Oder Sie fragen sich, inwieweit Sie für die Situation verantwortlich sind, und werden aktiv, um sie zu ändern. Im ersten Fall zeigt Ihr Karrierepfeil nach unten, im zweiten nach oben.

Der Worte sind genug gewechselt,
Laßt mich auch endlich Taten sehn …[122]

Entert(r)ainer Alexander Munke hat sich in dem Wort VERANT-WORTUNG umgeschaut und festgestellt, dass sich darin einige kleine Wörter finden, die Ihnen in der Summe eine klare Handlungsanleitung – ein Verantwortungskonzept – aufzeigen:

ORT: Standort, wo befinden Sie sich?
WO: Ziel, wo möchten Sie hin?
ORTUNG: Orten Sie Ihr Ziel!
ANTWORT: Suchen Sie keine Schuldigen, sondern finden Sie Antworten auf die Fragen, warum Sie Ihre Ziele erreichen möchten und wie Sie es tun!
TWO: Es gehören immer zwei dazu – stimmen Sie sich mit den anderen (Partner, Chef, Mitarbeiter, Kunden, Lieferanten) ab!
WORT: Geben Sie den anderen Ihr Wort, auf das sie sich verlassen können!
TUN: Tun Sie es – gehen Sie jetzt ans Werk, machen Sie sich auf den Weg zum Ziel!
RAN: Nicht zaudern, sondern ran an den Speck!
ANT: Seien Sie fleißig wie eine Ameise auf Ihrem Weg! Machen Sie immer etwas mehr, als andere von Ihnen erwarten, Sie bekommen dann immer etwas mehr, als *Sie* erwarten![123]

Soziale Kompetenz im Umgang mit anderen

Der edle Mensch
Sei hilfreich und gut!
Unermüdet schaff' er
Das Nützliche, Rechte,
Sei uns ein Vorbild
Jener geahneten Wesen![124]

„Und Geld bekommt Sinn" – so lautet das Motto der GLS-Bank aus Bochum, die sich auf ethisch-ökologische Geldanlagen und

Finanzierungen konzentriert. Im Jahr 2008, als die amerikanische Investmentbank Lehmann Brothers Inc. im Zuge der Finanzkrise Insolvenz anmelden musste, wuchsen bei der GLS-Bank Bilanzsumme, Kundeneinlagen und Kundenkredite um jeweils knapp 30 Prozent, es wurden 5 Prozent mehr Mitarbeiter eingestellt. Das zeigt: Nicht nur der schnöde Mammon, sondern Werte und ethisches Handeln stehen wieder hoch im Kurs! Etwa ein Viertel des Geschäftserfolgs lässt sich mit der Art und Weise der gelebten Wertekultur erklären.[125]

Das gilt nicht nur für Kunden- und Lieferantenbeziehungen, sondern insbesondere für den Unternehmensalltag: Anerkennen und wertschätzen Sie Ihre Mitarbeiter, seien Sie ehrlich, gerecht und verantwortungsbewusst! Bieten Sie ihnen Aus- und Weiterbildungsmöglichkeiten an. Wecken Sie das „Göttliche" in ihnen, seien Sie Vorbild; Ihre Mitarbeiter revanchieren sich mit überdurchschnittlichen Leistungen, Treue zum Unternehmen und einem geringen Krankenstand.

Von Teamplayern und Vorbildern

Nach unserer Überzeugung gibt es kein größeres und wirksameres Mittel zu wechselseitiger Bildung als das Zusammenarbeiten überhaupt.[126]

Teamfähig zu sein heißt, sich einer Gruppe anderer Menschen anzuschließen und in ihr produktiv und konstruktiv zu arbeiten. Es bedeutet auch, sich mit anderen auszutauschen, im Konfliktfall eine konstruktive Lösung zu finden und mit den anderen Mitgliedern gemeinsam an einem Strang zu ziehen – und zwar in dieselbe Richtung. Teamarbeit heißt insbesondere Zusammenarbeit, in der Sie und Ihre Kollegen sich gegenseitig mit praktischem Wissen bereichern und voneinander lernen. Stellen Sie ein Team zusammen, dann ist es Ihre vornehmliche Aufgabe, gewissenhaft für eine ausgewogene Teamstruktur zu sorgen: Teamfähigkeit gehört zu den herausragenden Soft Skills; Schlüsselfaktoren für den Erfolg Ihres Unternehmens sind die eigenen Mitarbeiter.

Mit einem Herren steht es gut,
Der, was er befohlen, selber tut.[127]

Führungskräfte dienen als Vorbilder, weil Mitarbeiter sich an ihnen orientieren. Es reicht nicht aus, einige wohlklingende Werte aufzulisten und ein modernes Leitbild in Hochglanzprospekten an die Mitarbeiter auszuhändigen. Um Werte wie Ehrlichkeit, Gerechtigkeit und Verantwortung zielgerichtet in die Tat umzusetzen, müssen vor allem die höchste Führungsebene und das gesamte mittlere Management sich zum Leitbild bekennen: Seien Sie Vorbild und leben Sie Ihren Mitarbeitern die Unternehmenswerte vor!

Kapitel 3

Wie Sie sich selbst organisieren und Ihre Ziele erreichen

Immer mehr Menschen wirken angestrengt und gestresst. Sie haben immer weniger Zeit. Andere dagegen vergeuden Zeit, vertreiben sie wie lästige Fliegen und schlagen sie schlimmstenfalls tot. Zeit ist unser kostbarster Schatz: Einmal verronnene Zeit ist unwiederbringlich verloren. Wir nutzen unsere Zeit sinnvoll, wenn wir jeden Tag aufs Neue das tun, was uns wirklich wichtig ist, und dabei unser Bestes geben. Das gilt auch für die alltäglichen Dinge. Gestern, heute, morgen: Zum Umgang mit der Zeit hatte Goethe einiges zu sagen. „Nichts ist höher zu schätzen als der Wert des Tages." Das Gestern ist unwiderruflich vergangen. Daraus kann man höchstens noch etwas lernen, aber nichts mehr ändern. Lassen Sie also die Vergangenheit los.

Damit Ihnen der Tag nicht zwischen den Fingern zerrinnt, brauchen Sie ein gutes Zeit- und Selbstmanagement. Die oberste Regel lautet: Tun Sie das Wichtigste zuerst! Bleibt die Frage, was das Wichtigste ist: Diese Frage können nur Sie selbst beantworten; die Antwort hängt davon ab, welche Ziele Sie erreichen möchten.

Ziele geben Ihrem Leben eine Richtung. Menschen, die etwas erreichen möchten, haben immer ein Ziel vor Augen: ein Ziel, das sie antreibt, das sie Entscheidungen treffen lässt, das sie motiviert. Sobald Sie Ihren Geist auf ein Ziel richten, kommt Ihnen vieles entgegen. Ziele stehen für Kraftentfaltung und Persönlichkeitswachstum. Allerdings haben nur wenige Menschen klare und konkrete Ziele: Das sind diejenigen, die ihr Leben erfolgreich nach ihren eigenen Vorstellungen gestalten. Zum Thema Ziele finden sich bei Goethe viele prägnante Textstellen; darin betont er, wie wichtig konkrete Ziele für uns Menschen sind.

Goethe schaffte es, viele unterschiedliche Funktionen unter einen Hut zu bringen, ohne sich dabei zu verzetteln. Ganz im Gegenteil, er agierte höchst erfolgreich. Wie schaffte er das? Weil er ein Meister im Zeitmanagement war! Dazu gehört nicht nur, das Wichtigste zuerst zu erledigen, sondern auch der souveräne Umgang mit allen Störungen, die von der Hauptaufgabe abhalten: Unvorhergesehenes, Unangenehmes, Zeitdiebe …

Im Lauf eines Tages müssen viele Entscheidungen getroffen werden – ganz gleich ob im Büro oder zu Hause. Sehr viele Menschen drücken sich vor Entscheidungen oder schieben diese lange vor sich her. Sie haben Angst vor den Konsequenzen einer falschen Entscheidung, doch: „Wer lange bedenkt, der wählt nicht immer das Beste." Oft geht durch langes Überlegen Zeit verloren; Mitarbeiter, Familienmitglieder oder Freunde werden durch das Hinauszögern verunsichert. Umso wichtiger ist es daher, schnell und mutig zu entscheiden.

In einem weiteren Abschnitt geht es um die Macht des Handelns: Es genügt nicht, gute Ideen zu haben und Entscheidungen zu treffen – man muss auch in der Lage sein, seine Ideen in die Tat umzusetzen. Meist muss man einfach sich selbst überwinden.

Sind dann die Hindernisse, die dem eigentlichen Handeln im Wege stehen, aus dem Weg geräumt, ist Durchhaltevermögen gefragt. Es bleibt dabei – zu Goethes Zeiten und auch heute gilt: Ohne Fleiß kein Preis!

Ihr kostbarstes Gut – vom Umgang mit der Zeit

Die Vergangenheit ist vergangen, die Zukunft noch nicht geboren

> *Die Gegenwart ist die einzige Göttin,*
> *die ich anbete …*[128]

Für erfolgreiche Menschen gibt es zwei Zeiträume, die sie gelassen betrachten können: Das ist zum einen die Vergangenheit und zum anderen die Zukunft. Die Vergangenheit ist bloße Erinnerung, die Zukunft Spekulation. Es gibt nur eine wichtige Zeit: das Hier, das Jetzt, die Gegenwart!

Laß das Vergangene vergangen sein![129]

Die Vergangenheit mit ihren Fehlern und allen möglichen Sorgen ist vorbei, Sie haben sie nicht mehr unter Ihrer Kontrolle. Selbst die wichtigsten und mächtigsten Menschen dieser Welt teilen dieses Schicksal: Nichts und niemand kann das „Gestern" wieder zurückbringen. Alles, was Sie gesagt und getan haben, können Sie nicht mehr ändern.

... wie in einen Lostopf greifst du in die dunkle
Zukunft; was du fassest ist noch zugerollt, dir
unbewußt, sei's Treffer oder Fehler![130]

Auch die Zukunft mit all ihren möglichen Chancen und Risiken haben Sie nicht unter Ihrer Kontrolle. Niemand kann die Zukunft zu fassen bekommen, sie liegt unerreichbar fern. Nicht einmal, dass die Sonne morgen wieder aufgehen wird, ist gewiss. Sie brauchen sich also nicht übermäßig um die Zukunft zu kümmern, das „Morgen" ist noch nicht da.

Vergangenheit und Zukunft kennt sie (die Natur,
Anm. d. Verf.) nicht. Gegenwart ist ihr Ewigkeit.[131]

Lassen Sie also die Vergangenheit los. Machen Sie sich auch keine Sorgen um die Zukunft. Einzig und allein der gegenwärtige Tag ist real. Er ist der einzige Tag, an dem Sie etwas für Ihren Beruf und Ihre Familie tun können. Die gute alte Zeit von morgen ist heute. Achten, nutzen und genießen Sie diesen Tag!

Heute ist Ihr bester Tag

Zu einem Tage wo man doch immer eine Art neuen
Daseins beginnt ...[132]

Nicht nur jedes Jahr, sondern auch jeder Tag ist ein prächtiger Anfang für ein neues Leben. Glücklich sind *die* Menschen, die jedem neuen Tag voller Erwartung und Tatendrang wie einem neuen Leben entgegensehen.

Jeder Tag bedeutet eine Art eigenes Leben. Mit dem Aufstehen beginnt es und mit dem Zubettgehen endet es. Aus diesem Blickwinkel betrachtet können Sie jeden einzelnen Tag abrechnen, ob Sie das Beste und Sinnvollste aus ihm – also Ihrem Leben – gemacht haben.

Nichts ist höher zu schätzen als der Wert des Tages.[133]

Wenn Sie sich erst einmal bewusst gemacht haben, dass jeder Tag einzigartig ist, dann wissen Sie auch seinen Wert zu schätzen. Für Ihren Erfolg, Ihr Glück und was immer Sie anstreben, gibt es nur diesen einzigen Tag. Dieser Tag nennt sich „Heute" und findet hier und jetzt statt.

(Ich habe, Anm. d. Verf.) gefunden, daß alle
wirklich klugen Menschen … darauf kommen und
bestehen, daß der Moment alles ist …[134]

Dabei ist selbst der Tag als Zeiteinheit zu groß: Was einige Minuten oder Stunden zurückliegt, können Sie nicht mehr ändern und das gilt auch für die Zeit, die noch vor Ihnen liegt. Die einzige Zeiteinheit, in der Sie wirklich aktiv etwas tun können, ist der Moment. Und wenn Sie sich klarmachen, dass Ihr Leben nichts anderes als eine Kette aus einzelnen Momenten ist, werden Sie jeden Augenblick auskosten, selbst wenn Sie einmal traurig sind.

Der Augenblick nur entscheidet
Über das Leben des Menschen und über sein ganzes
Geschicke …[135]

Es bleibt Ihnen nur dieser einzige Augenblick, in dem Sie kraftvoll etwas tun können. Sinnvoll die Zeit zu nutzen heißt, jederzeit beherzt sein Bestes zu geben. Was auch immer Sie für die Zukunft planen, handeln können Sie nur im Hier und Jetzt.

… halten Sie immer an der Gegenwart fest. Jeder Zustand, ja jeder Augenblick ist von unendlichem Wert, denn er ist der Repräsentant einer ganzen Ewigkeit.[136]

So wie jede Zelle eines Menschen in ihrem Kern den Bauplan des gesamten Körpers enthält, so liegt in jedem Augenblick die Weisheit des ganzen Lebens. Wer sich das klarmacht, der fängt an, bewusst zu leben. Der fängt an, sich auf all die Dinge, die er macht, ganz und gar einzulassen und sich dem Moment hinzugeben. Sie erreichen dann den Zustand, den die Glücksforschung „Flow" nennt. Das ist der Punkt, an dem Sie Zeit und Raum vergessen und in dem Sie im wahrsten Sinne des Wortes „im Fluss" des Lebens sind (siehe auch Seite 150 ff.).

Wer nicht im Augenblick hilft, scheint mir nie zu helfen; wer nicht im Augenblick Rat gibt, nie zu raten.[137]

Das gilt insbesondere für den Umgang mit Menschen: Der Mensch, der Ihnen gerade gegenübersteht, ist immer der wichtigste! Das gilt grundsätzlich – ob es Ihre Mitarbeiter oder Ihre Kinder sind.

Die Gegenwart ist's allein, die wirkt, tröstet und erbaut![138]

Das Leben in der Gegenwart leitet Sie an, das Wesentliche vom Unwesentlichen und das Wichtige vom Unwichtigen zu trennen. Die Gegenwart lehrt Sie, sich auch über die kleinen Dinge zu freuen. Nehmen Sie gerade diese kleinen Dinge des Lebens bewusst wahr, zum Beispiel die ersten Schneeglöckchen als Boten des Frühlings. Es sind die vielen kleinen Freuden, die Sie auf lange Sicht glücklich machen, und nicht der eine große Glücksmoment.

Doch der den Augenblick ergreift,
Das ist der rechte Mann.[139]

Die Essenz der Zeit- und Selbstorganisation lautet: Nutze jeden Augenblick, trenne das Bedeutende vom Unbedeutenden und tue dann das Wichtigste zuerst! Wissen Sie, was Ihre wichtigsten Ziele sind, dann sind Sie auch fähig, die Arbeit eines jeden Tages sinnvoll zu ordnen.

Die Kraft der Ziele –
dem Leben eine Richtung geben

Klare Ziele – die Fixsterne Ihres Lebens

Man geht nie weiter,
als wenn man nicht mehr weiß,
wohin man geht.[140]

Am frühen Morgen des 4. Juli 1952 steigt die junge Florence Chadwick in die Fluten des Pazifischen Ozeans. Sie ist fest entschlossen, als erste Frau der Welt von der Insel Santa Catalina ans 34 Kilometer entfernte kalifornische Festland zu schwimmen. Ein Jahr zuvor hatte sie bereits als erste Frau den Ärmelkanal in beide Richtungen durchquert.

Das Wasser ist eiskalt und dichter Nebel liegt auf der Wasseroberfläche, sodass sie die Beiboote nur noch schemenhaft erkennen kann, obwohl sie dicht bei ihr sind. Mehrere Angriffe von Haien werden von den Begleitschiffen abgewehrt.

Nach 15 Stunden in den Weiten des Ozeans ist sie steif vor Kälte und bittet mit letzter Kraft darum, aus dem Wasser gezogen zu werden. Ihre Mutter und ihr Trainer, die sie auf einem Beiboot begleiten, wollen sie noch zum Durchhalten bewegen, aber sie ist am Ende ihrer Kräfte. Zu diesem Zeitpunkt ist die Küste gerade noch 800 Meter entfernt.

Am nächsten Tag fragt sie ein Reporter auf einer Pressekonferenz, warum sie so kurz vor dem Festland aufgegeben habe. Ihre Antwort lautet: „Es war der Nebel. Wenn ich das Land hätte sehen können, hätte ich es geschafft. Es war der Nebel."

Wer genau weiß, wohin er will, kann sein Ziel auch erreichen. Wer nicht weiß, wohin die Reise geht, muss damit rechnen, ganz woanders zu stranden. Viele Menschen tappen tagtäglich durch den Nebel des Alltags und bemerken nicht, dass sie sich nur im Kreis bewegen. Eine der wichtigsten Forderungen für ein erfolgreiches Berufs- und Privatleben lautet: Setzen Sie sich große und klare Ziele!

An dem öden Strand des Lebens,
Wo sich Dün' auf Düne häuft,
Wo der Sturm im Finstern träuft,
Setze dir ein Ziel des Strebens.[141]

Zu den wichtigsten Hebeln für Ihren beruflichen und privaten Erfolg gehören Ihre konkreten Ziele. Ziele sind der Maßstab, an dem jede Aktivität zu messen ist. Planung ergibt nur dann Sinn, wenn der Endzustand – also das Ziel – bekannt ist. Ziele dienen Ihnen als Fixsterne, an denen Sie sich orientieren können. Wann immer Sie frustriert oder gelangweilt sind, fehlen Ihnen herausfordernde Ziele, die Ihrem Leben Sinn und Gehalt geben.

Wer immer strebend sich bemüht,
Den können wir erlösen.[142]

Erfolgsmenschen haben immer ein klares Bild von ihren Zielen vor Augen. Diese Ziele treiben sie an und lassen sie Entscheidungen treffen. Sie liefern die Energie für ihr persönliches Wachstum.

Wenn Sie Ihrem Ziel trotz Widrigkeiten energisch entgegengehen, hat Ihr Ziel die wundervolle Eigenschaft, Ihnen entgegenzukommen. Viele Menschen haben keine festen großen Ziele. Das sind häufig diejenigen, die dem Schicksal und den Umständen die Schuld dafür geben, dass sie erfolglos sind.

Schlüssel für Erfolg – mit Aufmerksamkeit zum Ziel

Aufmerksamkeit ist ja doch die höchste aller Fertigkeiten und Tugenden.[143]

Aufmerksam sein ist einer der wesentlichen Schlüssel zu Ihrem Erfolg. Was heißt das für Ihren Alltag?

Seien Sie geistesgegenwärtig, nehmen Sie all das, was Sie in jedem Augenblick erleben, bewusst wahr. Seien Sie sich im Klaren darüber, was Sie erreichen möchten, und lenken Sie Ihre Aufmerksamkeit auf Ihr Ziel. Stellen Sie sich die Jetztzeit als Punkt A vor, Ihr Ziel als Punkt B und verbinden Sie beide. Diese Gerade ist der Weg zu Ihrem Ziel – der Weg ist das Ziel, gehen Sie ihn aufmerksam.

Aufmerksamkeit ist das Leben![144]

Wissen Sie, was Sie im Leben erreichen wollen? Lauschen Sie aufmerksam Ihrer inneren Stimme und folgen Sie nicht nur Ihrem Verstand. Und dann tun Sie das, was in diesem Moment für Sie zu tun ist (mehr zur „Intuition" ab Seite 103).

Es gibt in allen Branchen Unternehmen, die sich an alte Erfolge klammern und ums Überleben kämpfen, weil der Markt „immer enger" wird. Und es gibt Unternehmen, die leicht und mühelos gegen den Markttrend wachsen, weil sie das tun, was sie lieben. Es gibt Juristen, die sich krampfhaft mit Abmahnungen von ahnungslosen Internetseitenbetreibern über Wasser halten. Und es gibt Juristen, die aus Freude an ihrem Hobby ein Stoffgeschäft eröffnen.

Sind Sie unaufmerksam, dann gehören Sie zum Mittelmaß. Je aufmerksamer und bewusster Sie durchs Leben gehen, desto zielgenauer können Sie es nach Ihren Vorstellungen gestalten, umso eher werden Sie ein Meisterwerk aus Ihrem Leben machen.

Alles Große und Gescheite existiert in der Minorität.[145]

Ziellos sein heißt erfolglos sein. Sich bewusst für Ziele zu entscheiden und sie aktiv anzugehen heißt, erfolgreich zu sein. Viele Menschen hadern mit ihrem Schicksal oder kommen nur gerade so über die Runden, während es wenigen vorbehalten scheint, aus ihrem Leben ihr persönliches Meisterstück zu gestalten, also ein Leben zu führen, das sie wirklich gern leben möchten.

Das ist natürlich kein Zufall. Ein Beispiel: Den wenigsten ist wirklich bewusst, welche überragende Rolle klare und messbare Ziele für den Lebenserfolg jedes Einzelnen spielen. Viele, die diese Zusammenhänge kennen, setzen allerdings nur zu einem kleinen Teil ihr Wissen in die Tat um. Obwohl sie begreifen, dass sie mit schriftlich fixierten Zielen deutlich erfolgreicher sein könnten, leben sie in den Tag hinein und lassen sich von unbedeutenden Aufgaben die Zeit stehlen. Zeit, die sie bei fest terminierten Zielen viel effizienter einsetzen könnten.

Diejenigen, die sich ihre Ziele aufschreiben, eine Strategie und Einzelmaßnahmen entwickeln und diese dann in die Tat umsetzen, sind eindeutig in der Minderheit. Je nach Statistik sind es zwischen 3 und 15 Prozent der Menschen. Das heißt für Sie: Selbst wenn Ihre Familie und Ihre Freunde Sie wegen Ihrer großen Ziele für verrückt erklären, sollten Sie Ihre Ideen mutig verwirklichen, weil Sie dann mit hoher Wahrscheinlichkeit der Minderheit der Gescheiten angehören.

Fundament der Zielerreichung: Planen Sie schriftlich

> *Die schriftliche Mitteilung hat das große Verdienst, daß sie weiter und länger wirkt als die mündliche ...*[146]

Planen Sie Ihre Ziele schriftlich, denn damit materialisieren Sie Ihre Gedanken. Das beflügelt Ihre Kraft, die Ziele in die Tat umzusetzen. Sie behalten den Überblick über Ihre Aufgaben, Sie entlasten Ihr Gedächtnis und kommen motiviert und konzentriert ins Handeln.

Auf Menschen ist nicht leicht zu wirken, doch auf das willige Papier.[147]

Vorsicht: Papier ist geduldig! Es konserviert Ihre schriftlich formulierten Vorhaben über Jahre. Leider sind Sie damit Ihrem Ziel noch keinen Schritt näher gekommen. Der entscheidende Unterschied zwischen einem frommen Wunsch und Ihrem großen Ziel ist die Tat. Lassen Sie Ihrem schriftlich fixierten Ziel bald Taten folgen, dann haben Sie auch beste Chancen, Ihr Ziel zu erreichen. Mehr über die Macht des Handelns lesen Sie auf den folgenden Seiten und ab Seite 105.

... ein wohlausgedachter Plan, wenn er ausgeführt dasteht, läßt alles vergessen, was die Mittel, um zu diesem Zweck zu gelangen, unbequemes mögen gehabt haben.[148]

Ein Plan hat auch Nachteile: Er kostet Sie insbesondere Zeit und Arbeit. Allerdings überwiegen fast immer die Vorteile, die jedoch erst erkennbar werden, wenn der Plan in die Tat umgesetzt wird: Das Planen strukturiert Ihre Gedanken, Sie können leichter entscheiden und der rote Faden des Plans hält Sie auf Kurs. Dabei müssen Pläne keine herkömmlichen Bleiwüsten sein, Sie können zum Beispiel Denkkarten (Mindmaps) erstellen. Diese gehirngerechte Form des Planens regt sowohl Ihre rechte als auch Ihre linke Gehirnhälfte an, sodass Sie kreativ und zugleich strukturierend Ideen und Projekte entwickeln können.

Vom Ziel haben viele Menschen einen Begriff, nur möchten sie es gern schlendernd auf irrgänglichen Promenaden erreichen.[149]

Ein weitverbreiteter Irrglaube besagt, das Ziel käme einem schon irgendwie zugeflogen, wenn man nur lang genug positiv darüber nachdächte. Die Zielplanung ist nur der erste Schritt, entscheidend ist jetzt, dass Sie sich auf den Weg machen und zur Tat schreiten!

Lieber fehlerhaft beginnen als perfekt verzögern

Das ist ein prächtiger Anfang![150]

Gewinnen fängt an mit dem Beginnen! Es ist allemal besser, ein Projekt fehlerhaft zu beginnen, als es perfekt zu verzögern. Legen Sie los: Auch der längste Weg beginnt mit dem ersten Schritt. Fangen Sie in den ersten drei Tagen (mehr zum Thema 72-Stunden-Regel finden Sie auf Seite 95) nach der Zielfestlegung damit an, diesen konkreten Schritt in Richtung Ziel zu tun. Je eher Sie damit beginnen und je intensiver Sie sich auf Ihr Ziel konzentrieren, desto schneller werden Sie dort ankommen.

Man mache sich auf den Weg zu irgend einem Ziele,
es stehe uns nun vor den Augen oder bloß vor den
Gedanken, so ist zwischen dem Ziel und dem
Vorsatz etwas, das beide enthält, nämlich die Tat,
das Fortschreiten.[151]

Studien belegen, dass nach mehr als drei Tagen Untätigkeit die Wahrscheinlichkeit immer geringer wird, dass Sie Ihr eben fixiertes Ziel überhaupt angehen werden. Aufgrund der Informationsflut und der Hektik des Alltags verlieren Sie Ihr Ziel leicht aus den Augen, wenn Sie sich nicht daranmachen, es zügig in die Tat umzusetzen.

Es ist nicht genug, zu wissen, man muß auch
anwenden; es ist nicht genug, zu wollen, man muß
auch tun.[152]

Zu wissen, wie etwas geht, ist gut. Nur reicht Wissen allein nicht aus, um erfolgreich in Beruf und Privatleben seinen Weg zu gehen. Menschen, die ihre Träume verwirklichen, sorgen aktiv selbst für Ihr Glück. Sie sind handlungsorientiert und setzen sich mit ganzer eigener Kraft für das Erreichen ihrer Ziele ein. Planen Sie also nicht nur, Ihre Mitarbeiter zu loben, tun Sie es. Wenn Sie vorhaben, Ihrem Partner mal wieder eine kleine Aufmerksamkeit mitzubringen: Besorgen Sie diese Kleinigkeit spätestens heute auf der Heimfahrt. Alles entscheidend für Ihren beruflichen und privaten Erfolg ist das zielgerichtete Tun!

Mit Ungeduld bestraft sich zehnfach Ungeduld; man will das Ziel heranziehen und entfernt es nur.[153]

Wenn Sie allerdings mit dem Kopf durch die Wand wollen, entfernen Sie sich von Ihrem Ziel. Sie erreichen es hingegen sicher mit der „Salamitechnik": „Schneiden" Sie Ihr Ziel in Teilschritte und nähern Sie sich ihm geduldig Schritt für Schritt, so wie Sie eine Salami auch nur Scheibe für Scheibe verzehren. Betrachten Sie jeden einzelnen Schritt als Weg zum Ziel, da am Ende die Summe aller Schritte das Ziel ergibt.

Wie Sie Ihre Ziele sicher erreichen

Aller Anfang ist schwer! Das mag in einem gewissen Sinne wahr sein; allgemeiner aber kann man sagen: aller Anfang ist leicht, und die letzten Stufen werden am schwersten und seltensten erstiegen.[154]

Ihr Durchhaltevermögen ist eine wesentliche Erfolgseigenschaft. Bringen Sie Ihre Aufgaben und Vorsätze zu einem guten Ende, auch wenn es kurz vor dem Ziel anstrengend wird. Torpedieren beispielsweise Ihre Kollegen kurz vor der Marktreife Ihr Neuprodukt oder droht Ihr Lauftraining nach 14 Tagen wieder einzuschlafen, machen Sie sich bitte Folgendes klar: Erklimmen Sie die letzten Stufen auf dem Weg zu Ihrem Ziel *nicht*, hat dies gravierende Auswirkungen auf Ihre Selbstachtung. Wenn Sie Ihre – meist inneren – Widerstände aus dem Weg räumen und durchhalten, wirkt dies zutiefst motivierend (mehr zur „Kraft der Motivation" ab Seite 135). Sie stärken Ihr Selbstvertrauen und erhalten Schubkraft für Ihre nächsten Projekte.

Meistens sind es nicht die größten Talente, die große Erfolge feiern, sondern die beharrlichsten und diszipliniertesten Menschen, die ihre Ziele erreichen („Ohne Fleiß kein Preis" ab Seite 108)!

> *Die Schwierigkeiten wachsen, je näher man dem Ziel kommt.*[155]

Wenn Sie auf dem Weg zum Ziel sind, können Ihnen ungeplante und unkalkulierbare Probleme in die Quere kommen. Dann ist es wichtig, innezuhalten und aufzuschreiben, warum Sie Ihr Ziel unbedingt erreichen wollen. Wenn Ihnen klar ist, warum Sie ein Ziel erreichen möchten, ergibt sich das „Wie" fast von selbst: Beißen Sie die Zähne zusammen und halten Sie durch!

> *Die ganze Welt ist voll armer Teufel, denen mehr oder weniger – angst ist.*[156]

Angst ist das unbestimmte und beklemmende Gefühl, bedroht zu sein. Nicht wenige haben nun Angst vor der eigenen Courage. Sie kommen kurz vor der Zielerreichung ins Straucheln, weil das Erreichen eines großen Ziels immer auch große Veränderungen mit sich bringt. Dieser Zustand wird „Angst vor dem Erfolg" genannt. Wenn es Ihnen gelingt, diese Ihren Erfolg bremsende Angst zu überwinden und weiter Richtung Ziel zu gehen, haben Sie es so gut wie erreicht.

> *Nur eine papierne Scheidewand trennt uns öfters von unseren wichtigsten Zielen, wir dürfen sie keck einstoßen, und es wäre getan.*[157]

Sie werden nicht fürs Anfangen, sondern fürs Beenden bezahlt. Überwinden Sie Ihren inneren Schweinehund, haben Sie Mut zum Erfolg und gehen Sie auch den letzten Schritt auf Ihrem Weg zum Ziel!

Man feiere nur, was glücklich vollendet ist![158]

Feiern Sie jeden einzelnen Erfolg, das motiviert zu neuen Taten. Erstellen Sie zum Beispiel eine Liste mit Anreizen, die Sie sich bei Erreichen Ihrer Ziele gönnen: Eine CD für kleine Erfolge und eine Woche Hawaii für große.

Die einen erreichen ihre Ziele zügig, die anderen erreichen sie nie. Die einen arbeiten mit einem konsequenten Zeit- und Selbstmanagementsystem, die anderen haben davon einmal gehört. Wenn Sie bisher vergeudete Zeit zukünftig effizient und effektiv einsetzen möchten, dann nutzen Sie die folgenden Schlüssel für eine sinnvolle Organisation Ihrer Zeit und Ihres Lebens.

Prioritäten setzen – effektives Zeit- und Selbstmanagement

Die entscheidende Lektion im Management: Das Wichtigste zuerst!

Der Tag ist grenzenlos lang, wer ihn nur zu schätzen und zu nützen weiß![159]

Der amerikanische Stahlmagnat Charles Michael Schwab entwickelte zu Beginn des vergangenen Jahrhunderts als Manager das Unternehmen Bethlehem Steel zum zweitgrößten Stahlproduzenten der Welt. Um so effektiv wie möglich zu arbeiten, befragte er den Berater Irvin Lee nach einer Möglichkeit, mit einer einfachen und effektiven Methode seine Zeit deutlich besser zu nutzen. Lee empfahl ihm eine überaus wirkungsvolle Methode: Schreiben Sie täglich, am besten am Vorabend, die wichtigsten Aufgaben auf, die Sie am nächsten Tag erledigen möchten. Ordnen Sie die Aufgaben nach ihrer Bedeutung und nummerieren Sie sie durch.

Fangen Sie am nächsten Morgen mit der wichtigsten Aufgabe an und bringen Sie sie zu Ende, ohne etwas anderes zu beginnen. Überprüfen Sie dann Ihre Prioritäten und erledigen Sie danach die neue wichtigste Aufgabe. Wenn zwischenzeitlich weitere Aufgaben hinzugekommen sind, ordnen Sie diese in Ihre To-do-Liste ein. Wann immer Sie eine Aufgabe erledigt haben, fragen Sie sich: Welche Aufgabe ist jetzt die wichtigste?

Am Ende des Tages haben Sie vielleicht nicht alle, aber die wesentlichen Dinge geschafft.

Irvin Lee bat Schwab, diese Technik zu testen und danach ein angemessenes Honorar zu zahlen. Nach einigen Wochen erhielt Lee einen Scheck in Höhe von 25.000 Dollar.

Die wichtigste Zeit- und Selbstmanagementregel lautet: Arbeiten Sie nach Prioritäten, machen Sie das Wichtigste zuerst! Fragen Sie sich regelmäßig: Wenn ich nur eine einzige Aufgabe erledigen könnte, welche wäre das? Setzen Sie diese dann in die Tat um.

Das Wichtige bedenkt man nie genug.[160]

Ein Geheimnis erfolgreicher Menschen ist, dass sie sich voll und ganz auf die Sache konzentrieren, die sie gerade tun. Diese Menschen sind deutlich leistungsfähiger als diejenigen, die sich in ihren Aufgaben verlieren. Erfolgreiche sind in der Lage, ihre vielfältigen Aktivitäten zu ordnen. Die Technik dazu heißt: Das Wichtigste zuerst!

Dies klingt zunächst einfacher, als es tatsächlich ist. Häufig kommen unangemeldete Aufgaben und Ablenkungen, die äußerst „dringend" erscheinen, aber letztlich nichts als Unklarheit, Unübersichtlichkeit und Zeitverlust bringen. Machen Sie daher die „wichtigen" Aufgaben zur ersten Priorität, also Aufgaben, die überdurchschnittlichen Gewinn erwarten lassen. In aller Regel reicht eine große wichtige Aufgabe am Tag, die Sie zu Ihrer persönlich besten Tageszeit in Angriff nehmen, um ein zufriedenstellendes Tagwerk zu erreichen. Laut statistischer Leistungskurve ist für die meisten Menschen die beste Tageszeit der Zeitraum zwischen 10 und 12 Uhr.

Das Sicherste bleibt immer, nur das Nächste zu tun, was vor uns liegt.[161]

Wichtig ist auch, zu wissen, dass Sie Energie verschwenden, wenn Sie zwei Aufgaben parallel bearbeiten. In Wahrheit schwächen Sie

Ihre Kraft bereits dann, wenn Sie sich gedanklich mit der nächsten Aufgabe beschäftigen, die noch vor Ihnen liegt, während Sie sich mit der aktuellen Aufgabe befassen.

Zusammengefasst heißt das: Erledigen Sie immer nur eine Aufgabe nach der anderen, und zwar mit absteigender Wichtigkeit. Das ist es, was erfolgreiche von weniger erfolgreichen Managern unterscheidet.

Von guten Vorsätzen, Zeitdieben und Aufschieberitis

> *... Sehr schnell sind diese Tage*
> *Mir hingeflohn; wie eine Flamme, die*
> *Nun erst den Holzstoß recht ergriffen,*
> *Verzehrt die Zeit das Alter schneller als die*
> *Jugend.*[162]

Sie können es drehen und wenden, wie Sie wollen: Selbst wenn Sie jetzt noch relativ jung sind und vergleichsweise alt werden: Sie verfügen über nicht mehr als rund 200.000 Stunden verplanbarer Zeit. Und wer einmal ältere Menschen gefragt hat, ob die Zeit im Alter wieder – wie in der Kindheit – langsamer vergeht, wird genau das Gegenteil erfahren: Je älter der Mensch, desto schneller vergeht die gefühlte Zeit, selbst wenn Sie irgendwann weniger aktiv sind als heute.

> *Aller Dinge Gehalt, er wird durch dich nur*
> *entschieden,*
> *Leise Gottheit, auch mich richtest du, richte*
> *gelind.*[163]

Die Zeit richtet gelind, wenn Sie sich klarmachen, dass selbst im Wirtschaftsleben vorsichtigen Schätzungen zufolge nicht einmal annähernd die Hälfte des menschlichen Potenzials genutzt wird. Ziehen Sie die richtigen Schlüsse daraus: Machen Sie sich jeden Tag aufs Neue klar, was Sie wirklich wollen und in welchen Etappen Sie Ihr Ziel sinnvollerweise erreichen möchten.

> *Drum tu wie ich und schaue, froh und verständig,*
> *Dem Augenblick ins Auge! Kein Verschieben!*
> *Begegn' ihm schnell, wohlwollend wie lebendig,*
> *Im Handeln seis, zur Freude seis dem Lieben.*[164]

Haben Sie sich schon mal etwas fest vorgenommen und es dann doch nicht gemacht?

Dann kann Ihnen die 72-Stunden-Regel helfen: Möchten Sie einen Vorsatz, einen Plan oder einen guten Einfall in die Tat umsetzen, so beginnen Sie damit innerhalb der nächsten 72 Stunden. Warten Sie länger als diese drei Tage, geht die Wahrscheinlichkeit gegen null, dass Sie jemals damit anfangen werden. Der Grund dafür liegt auf der Hand: Zu viele neue Informationen überlagern Ihren guten Einfall, der dann in die Tiefen Ihres Unterbewusstseins sinkt (erfahren Sie mehr über das Unterbewusstsein ab Seite 116). Je länger Sie die Umsetzung verschieben, desto größer ist die Wahrscheinlichkeit, dass Sie nie beginnen werden. Positiv formuliert heißt das: Der erste – möglichst schnelle – Schritt ist immer der wichtigste! Nutzen Sie Ihren Tatendrang, sobald Sie eine Idee haben! Diese Gedanken haben große Chancen, realisiert zu werden.

Das gilt natürlich auch für die Impulse aus diesem Buch. Markieren Sie sich die Tipps, die Sie umsetzen möchten, und beginnen Sie sofort damit.

Sie müssen ein Projekt nicht innerhalb dieser drei Tage beenden, sondern es einfach nur beginnen. Kommen Sie partout nicht dazu, weil zu viele Termine einen sinnvollen Start nicht zulassen, schreiben Sie Ihre Idee auf Ihre To-do-Liste: So ist gewährleistet, dass sie nicht in Vergessenheit gerät.

Erfolgreiche Menschen verbindet die Fähigkeit, den Graben zwischen Entschluss und Handlung sehr klein zu halten. Verlassen Sie den Ort der Entscheidung frühestens dann, wenn Sie ein erstes Mal aktiv geworden sind!

Gebraucht der Zeit, sie geht so schnell von hinnen,
Doch Ordnung lehrt Euch Zeit gewinnen.[165]

Für Manager heißt Ordnung in erster Linie, die anstehenden Aufgaben nach Prioritäten zu ordnen und in einen überschaubaren Zeitraum einzuplanen. Schreiben Sie sich die Aufgaben für Ihren Arbeitstag auf, damit Sie selbst in Stressphasen einen roten Faden an der Hand und Ihre Prioritäten im Blick haben. Dieser Tagesplan dient gleichzeitig als Tagesziel: Er motiviert Sie und lässt Sie zur Tat schreiten.

Die Zeit ist unendlich lang und ein jeder Tag ein
Gefäß, in das sich sehr viel eingießen lässt, wenn
man es wirklich ausfüllen will.[166]

Indem Sie für jede Aufgabe den Zeitbedarf schätzen, strukturieren Sie Ihren Tag in sinnvolle Zeiteinheiten, in denen Sie sich ausschließlich auf eine Aufgabe konzentrieren. Die Erfahrung zeigt, dass tatsächlich in etwa der Zeitrahmen benötigt wird, der dafür eingeplant wurde.

Da man immer Zeit genug hat, wenn man sie gut
anwenden will, so gelang mir mitunter das Doppelte
und Dreifache.[167]

Arbeiten Sie mit Zeitblöcken, in denen Sie gleichartige Aufgaben erledigen. Stellen Sie dazu Ihr Telefon um oder schalten Sie Ihren Anrufbeantworter an, damit Sie ungestört arbeiten können. Mit dieser Methode arbeiten Sie sehr effektiv, weil Sie Ablenkungen durch Kunden oder Mitarbeiter vermeiden: Jede Störung erfordert eine zusätzliche Anlauf- und Konzentrationszeit, die Sie nun einsparen. Wenn Sie also zum Beispiel störungsfrei an Ihrem wichtigsten Projekt arbeiten möchten, dann reservieren Sie sich dafür eine Stunde und seien Sie in dieser Zeit nicht ansprechbar. Das klappt zwar nicht immer, aber häufiger als weithin angenommen.

Was aber ist Deine Pflicht?
Die Forderung des Tages.[168]

Verplanen Sie höchstens zwei Drittel Ihrer Arbeitszeit, da die Dinge bekanntlich anders kommen, als man denkt. So bewältigen Sie auch Unvorhergesehenes und Zeitdiebe, die Sie nicht vollständig verhindern können. Ohne diese Pufferzeiten kann das Arbeiten mit einem Tagesplan frustrierend sein, weil Sie ihn aufgrund von Störungen nicht oder nur teilweise erfüllen können. Wenn also bei einem plötzlich auftretenden Problem Ihre Entscheidung gefordert ist, ohne die beispielsweise die Produktion zum Erliegen käme, passt diese wichtige Entscheidung ideal in die Pufferzeit Ihres Tagesplans. Sie tun dann das Beste, was Sie tun können, nämlich das, was der Augenblick von Ihnen fordert.

Wenn man einige Monate die Zeitungen nicht gelesen hat, und man liest sie alsdann zusammen, so zeigt sich erst, wie viel Zeit man mit diesen Papieren verdirbt.[169]

Zeitdiebe sind meistens Personen oder Tätigkeiten, die viel Zeit beanspruchen und Sie am Ende mit mageren Ergebnissen zurücklassen. Dazu gehören beispielsweise ungeplante Anrufe, unangemeldete Besucher und ineffiziente Besprechungen.
Außerdem tun sich viele Menschen schwer mit dem Delegieren und sie können auch nicht Nein sagen. Das Schlimmste aber sind die Berge von ungelesenen oder nur angelesenen Unterlagen, Zeitungen und Fachzeitschriften sowie unangenehme Aufgaben, die nicht erledigt wurden: Sie wirken nicht nur als Zeit-, Kraft- und Motivationsdiebe, sondern auch wie ein Damoklesschwert, jederzeit bereit, auf Ihren Tagesplan zu stürzen.

Zur Arbeit heißt der Morgen rege sein.[170]

Der aus Kanada stammende Persönlichkeitstrainer und Bestseller-Autor Brian Tracy beschäftigt sich in seinem gleichnamigen Buch mit dem amerikanischen Sprichwort „Eat that frog." Das heißt in etwa so viel wie: Wenn Sie gleich morgens als Erstes einen lebendigen Frosch verspeisen, können Sie gelassen in den Tag gehen. Wahrscheinlich war der Frosch das Schlimmste, was Ihnen an diesem Tag passieren konnte. Ins Alltagsleben übersetzt heißt das: Wenn Sie jeden Tag mit der wichtigsten und schwierigsten Aufgabe beginnen und diszipliniert daran arbeiten, können Sie entspannt dem restlichen Tag entgegensehen. Der Erfolg wird sich dann wie von selbst einstellen.

Sie sehen: Ein durchschnittlich Begabter, der in der Lage ist, klare Prioritäten zu setzen und die wichtigen Aufgaben schnell abzuschließen, wird sehr viel weiter kommen als ein Genie, das viel redet und große Pläne schmiedet, aber das Handeln vernachlässigt. Wenn Sie also morgens gleich zwei „Frösche" vor sich haben, dann schlingen Sie den hässlichsten zuerst hinunter. Und wenn Sie schon Kröten schlucken müssen, bringt es nichts, sich erst hinzusetzen und sie lange anzustarren. Schlucken Sie die Kröte sofort und erleben Sie dann die wohltuende und motivierende Wirkung.

Was heute nicht geschieht, ist morgen nicht getan,
Und keinen Tag soll man verpassen ...[171]

An diesem Aufgaben-vor-sich-Herschieben leiden viele Menschen. Steuererklärungen und Zahnarztbesuche sind bekannte Beispiele dafür, dass man plötzlich eine andere (in aller Regel deutlich unwichtigere) Aktivität vorzieht – und sei es das Öffnen von Werbebriefen!

Das Phänomen, unangenehme Dinge ständig vor sich herzuschieben, ist als „Aufschieberitis" bekannt und weit verbreitet. Die Folgen sind geläufig: Die unerledigte Arbeit wächst zu einem Berg an, der nicht mehr zu bewältigen ist. Ist dieser Punkt erreicht, machen sich viele ans Werk, um die Schuldigen für ihr Problem zu suchen.

Schützen Sie sich vor der Aufschieberitis, indem Sie sich nicht von Nebensächlichkeiten ablenken lassen und sich immer wieder auf das Wesentliche konzentrieren.

Du im Leben nichts verschiebe;
Sei dein Leben Tat um Tat![172]

In der Praxis hat sich besonders das Sofort-Prinzip bewährt, das Sie entscheidend weiterbringt: Erledigen Sie alle Aufgaben sofort, wenn sie nicht mehr als drei Minuten Ihrer Zeit kosten! Was Sie gleich erledigen, ist besser als eine weitere Kleinst-Aufgabe auf Ihrer To-do-Liste. Es ist die nicht enden wollende Flut bereits aufgeschobener Tätigkeiten, die Sie den Überblick und die Lust an der Arbeit verlieren lässt. Zwingen Sie sich, bei jedem Blatt Papier und jeder E-Mail sofort eine Entscheidung zu treffen (eine Anleitung, wie Sie kluge Entscheidungen treffen, folgt ab Seite 101). Bearbeiten Sie E-Mails nur zu bestimmten Tageszeiten, zum Beispiel morgens, mittags und bevor Sie Ihr Büro verlassen. Und entscheiden Sie: sofort erledigen, wenn die Aufgabe innerhalb von drei Minuten abgeschlossen ist, sofort in die To-do-Liste aufnehmen, falls sie länger dauert, sofort löschen, wenn die E-Mail unwichtig ist. Seien Sie insbesondere beim Löschen großzügig: War die E-Mail doch wichtig, wird sich sicherlich jemand bei Ihnen melden.

Aufgaben nur ein einziges Mal „in die Hand" zu nehmen, bringt Ihnen zwei große Vorteile: Zum einen nutzen Sie Ihre spontanen Ideen beim ersten Durchlesen sofort, zum anderen schaffen Sie sich Zeit für die wirklich wichtigen Projekte, die Sie nach vorn bringen.

Der Anfang ist in allen Sachen schwer ...[173]

Kennen Sie das Trägheitsgesetz? Es besagt, dass sich jeder Körper einer Änderung seiner Geschwindigkeit widersetzt: Ein stehendes Auto anzuschieben ist mühsam, ein rollendes Autos anzuhalten ist noch mühsamer.

Was heißt das konkret für Ihr Selbstmanagement? Nehmen Sie sich insbesondere bei unangenehmen Aufgaben zunächst einen kleinen Schritt vor – damit haben Sie den schwersten Schritt bereits getan. Wenn das ungeliebte Projekt dann Fahrt aufnimmt, fällt es Ihnen leichter, die nächsten Maßnahmen zu ergreifen. Und wenn das Projekt erledigt ist, belohnen Sie sich mit einer Kleinigkeit, die Ihnen Freude bereitet!

Wie Sie erfolgreich den alten Tag beschließen und den neuen starten

Wer vorsieht, ist Herr des Tags.[174]

Eine der wesentlichen Zeitmanagementregeln lautet, den kommenden Tag bereits am Vorabend zu planen, zu Hause oder noch im Büro. Ein schriftlicher Tagesplan für den nächsten Tag hat den großen Vorteil, dass Ihr Unterbewusstsein sich bereits am Abend und in der Nacht mit den Aufgaben des kommenden Tags befassen und sie entsprechend strukturieren kann. Sie werden überrascht sein, wie motiviert und voller Elan Sie die Aufgaben am nächsten Arbeitstag angehen. Außerdem haben Sie dank dieser Methode den Kopf frei für den Feierabend.

Ein guter Abend kommt heran,
wenn ich den ganzen Tag getan.[175]

Wenn Sie konsequent und diszipliniert Ihre geplanten Aufgaben in die Tat umgesetzt haben, können Sie zufrieden und in Ruhe Ihren Arbeitstag beschließen. Die Erfahrung zeigt, dass sich ein kurzes Reflektieren über den vergangenen Arbeitstag lohnt. Haben Sie Ihre Tagesziele erreicht? Welche Tätigkeiten gilt es auf welchen Termin zu übertragen? Was ist gut gelaufen? Was hat nicht so gut geklappt und wie machen Sie es in Zukunft besser? Wie sieht Ihr Tagesablauf morgen aus? Und wie verbringen Sie den Abend?

Tages Arbeit! Abends Gäste!
Saure Wochen! Frohe Feste!
Sei dein künftig Zauberwort.[176]

Viele Menschen fahren nach dem Büro wieder in die eigenen vier Wände, ohne sich im Klaren darüber zu sein, wie sie den Abend gestalten möchten. Natürlich gilt im Privaten dieselbe Regel wie im Beruf: Ohne klare Vorstellung, was und wie Sie etwas machen wollen, plätschert kostbare Zeit vor sich hin, ohne dass etwas Sinnvolles geschieht. Basis für einen schönen Abend im Kreis Ihrer Familie oder Ihrer Freunde ist eine konkrete Idee: Lieber Theater oder Kino? Konzert oder ein gutes Buch? Radfahren mit den Kindern oder Laufen mit Freunden? Ins Nachtleben stürzen oder meditieren?

Weder abends noch in der Nacht habe ich jemals gearbeitet, sondern bloß des morgens, wo ich den Rahm des Tages abschöpfte.[177]

Beginnen Sie Ihre Arbeit immer mit der wichtigsten Aufgabe, die häufig auch die unangenehmste ist. Die meisten Menschen haben morgens die meiste Kraft, den größten Schwung und die höchste Konzentration: alles vorzügliche Bedingungen, die bedeutendsten Aufgaben mit Elan zu meistern.

Kluge Entscheidungen treffen – sicher und schnell

Jeder weiß, wie schwer der Mensch angeht, einen entscheidenden Schritt zu wagen, daß Tausende eher ihr Leben in abschleichendem Schicksal kümmerlich jedem neuen Tag hinüber schleppen![178]

Es gibt viele Menschen, die sich vor wichtigen Entscheidungen drücken. Sie lassen lieber alles beim Alten und glauben, dass keine Entscheidung auch eine gute Entscheidung sei. Genau das ist ein weitverbreiteter Irrglaube: Nicht zu entscheiden ist zwar auch eine Entscheidung, allerdings zumeist eine schlechte. Wenn *Sie* nicht entscheiden, entscheiden meistens andere für Sie.

Leute, die keine Entscheidungen treffen, führen im wahrsten Sinne des Wortes ein klägliches Dasein und schleppen sich von Tag zu Tag: Nicht bereit, zu wachsen, nicht bereit, sich weiterzuentwickeln, und nicht bereit, sich zu ändern – das bedeutet Stillstand und Rückschritt.

Ich weiß recht gut, daß alles in der Welt ankommt
auf einen gescheiten Einfall und auf einen festen
Entschluß.[179]

Eine diffuse Angst vor der falschen Entscheidung lässt viele Menschen passiv verharren. Das ist ein gefährliches Spiel. Viel sinnvoller ist es, wenn Sie sich mit einer bewussten Entscheidung für einen bestimmten Weg und gegen die Alternative festlegen. Danach ist es müßig, zu fragen, welchen Verlauf Ihr Leben genommen hätte, wenn Sie eine andere Entscheidung getroffen hätten.

Stellen Sie sich bitte einmal vor, Sie haben mit Herrn Müller und Herrn Maier zwei mögliche Verantwortliche für das Projekt „Neue Vertriebsstruktur". Sie setzen Herrn Müller ein – mit dem Ergebnis, dass bis Jahresende die Umsätze um 20 Prozent einbrechen. Falsche Entscheidung? Schwer zu sagen, weil es nie sichere Entscheidungen gibt. Vielleicht wären mit Herrn Maier die Umsätze um 40 Prozent gesunken. Und die Wahrscheinlichkeit ist hoch, dass Sie ohne die Entscheidung für das Projekt sogar 50 Prozent Umsatzeinbußen zu verbuchen hätten! Gerade deswegen sind sogar drittklassige Entscheidungen besser als keine!

Entschiedenheit und Folge (sind, Anm. d. Verf.)
nach meiner Meinung das Verehrungswürdigste am
Menschen.[180]

Menschen, die keine oder nur ungern Risiken eingehen, wollen sich schützen. Allerdings schützen sie damit nur ihr „kleines" Leben, in dem sie sich auskennen und dessen weiteren Verlauf sie in etwa vorauszusehen glauben. Das ist alles andere als weise. Vielmehr zeugt dieses ängstliche Vorgehen von geringem Selbstwertgefühl und mangelndem Mut.

Gewinnertypen verfolgen konkrete Ziele und agieren risikofreudig, sie treffen schnell klare Entscheidungen und tragen anschließend auch die Konsequenzen. Sollte sich eine Entscheidung als ungünstig herausstellen, kann immer noch nachjustiert werden. Wenn Sie Schwierigkeiten haben, sich zu entscheiden, dann fragen

Sie sich, was Sie tun würden, wenn Sie nur noch wenig Zeit zu leben hätten: Das schärft Ihren Blick für das Wesentliche!

... wer lange bedenkt, der wählt nicht immer das Beste.[181]

Oftmals geht eine Menge Zeit verloren, weil sich viele Menschen mit Entscheidungen schwertun. Wer lange eine Entscheidung bedenkt, ist in Wahrheit ein Bedenkenträger. Wirklich erfolgreiche Menschen erkennen Sie daran, dass sie schnell Entscheidungen treffen.

Der nur verdient geheimnisvolle Weihe,
Der ihr durch Ahnung vorzugreifen weiß.[182]

Große Entscheidungen können Sie sowohl bewusst mit Ihrem Verstand abwägen oder intuitiv aus dem Bauch heraus treffen. Ideal ist es, wenn Sie für einen Entschluss sowohl Ihren Intellekt als auch Ihr Bauchgefühl einsetzen. Da Ihr Unterbewusstsein bedeutend leistungsfähiger ist als Ihr bewusster Verstand (mehr Informationen dazu finden Sie auf den Seiten 116 ff.), ist es ganzheitlicher, ökonomischer und schneller, sich intuitiv zu entscheiden – nachdem Sie sich zuvor bewusst mit der anstehenden Entscheidung beschäftigt haben, um Ihr Unterbewusstsein zu aktivieren. Die meisten Entscheidungen treffen Sie in Standardsituationen ohnehin unbewusst, wenn Sie zum Beispiel kleinere Mengen Büromaterial bestellen.

In Ihrem Unterbewusstsein sind alle Erfahrungen gespeichert, die Sie im Lauf Ihres Lebens gemacht haben, jedoch in Summe nicht abrufen können. Allerdings strukturiert, filtert und bewertet das Unterbewusste auf Grundlage dieses Erfahrungsschatzes in rasender Geschwindigkeit die aktuelle Situation. Meist kommt es dann bedeutend schneller zu einem Ergebnis als der Intellekt und sendet die Lösung an Ihr Bewusstsein. Dieses Resultat der internen Datenverarbeitung nehmen Sie als Bauchgefühl, innere Stimme oder innere Bilder wahr. Je entspannter Ihr Zustand, desto kreativer ist diese Gehirntätigkeit im „Hinterkopf". Seien Sie offen für eine intuitive Lösung: Nicht etwa indem Sie sich auf ein bestimmtes Problem konzentrieren und sich den Kopf zerbrechen, sondern während Sie Zug fahren, ein Buch lesen oder durch den Wald laufen, kommen Ihnen die besten Ideen für eine bestimmte Entscheidung.

Versäumt die Zeit nicht, die gemessen ist! ...
Kommt! Es bedarf hier schnellen Rat und Schluss.[183]

Wenn Sie Ihre Fähigkeit, gute Entscheidungen zu treffen, verbessern möchten, trainieren Sie einfach, sich schnell, oft und gern zu entscheiden. Dazu können Sie jede Alltagssituation nutzen, zum Beispiel im Restaurant: Entscheiden Sie sich spätestens nach 30 Sekunden nach Erhalt der Karte, was Sie bestellen werden. Oder denken Sie an die Drei-Minuten-Regel (siehe Seite 95): Entscheiden Sie sich, einen Rückruf sofort zu erledigen, falls er nicht länger als drei Minuten in Anspruch nimmt. Kostet er voraussichtlich mehr Zeit, entscheiden Sie sich sofort, ihn zu einem konkret festgelegten Termin zu erledigen. Und wenn der Anruf unwichtig ist, entscheiden Sie sich, nicht zurückzurufen. Je mehr Entscheidungen Sie treffen, desto mehr Erfahrungen sammeln Sie; je mehr Erfahrung Sie haben, umso bessere Entscheidungen treffen Sie.

Das Mögliche soll der Entschluß
Beherzt sogleich beim Schopfe fassen,
Er will es dann nicht fahren lassen,
Und wirket weiter, weil er muß.[184]

Machen Sie es sich zur Gewohnheit, die Anliegen anderer umgehend zu entscheiden: Ihr Mitarbeiter hat eine Frage zum neuen Marketingkonzept oder Ihr Kind möchte mit Ihnen ins Kino? Klären Sie diese Angelegenheit sofort oder legen Sie einen Termin dafür fest. Jede nicht getroffene Entscheidung lähmt Sie und Ihre Arbeit.

Die Macht des Handelns –
im Anfang war die Tat

Die Kunst des wirksamen Handelns

Tätig zu sein … ist des Menschen erste Bestimmung,
und alle Zwischenzeiten, in denen er auszuruhen
genötigt ist, sollte er anwenden, eine deutliche Er-
kenntnis der äußerlichen Dinge zu erlangen, die ihm
in der Folge abermals seine Tätigkeit erleichtert.[185]

Franz Beckenbauer spielte schon als Kind in München-Giesing vom
frühen Morgen bis in den späten Abend Fußball. Als er später bei
Bayern München spielte, war er beim Training der Erste auf dem
Platz und der Letzte, der ihn wieder verließ. Schließlich wurde er
zweimal Fußballweltmeister: Im Jahr 1974 als Spieler und im Jahr
1990 als Trainer. Die „Lichtgestalt" des deutschen Fußballs hat sich
einmal wie folgt zu den Gründen seines Erfolgs geäußert: „Erfolg:
… vor allem steckt harte, konsequente Arbeit dahinter."[186]

Die Macht soll handeln und nicht reden.[187]

Macht steht für Entscheidungskompetenz. Wenn Sie für Ihr Un-
ternehmen Verantwortung tragen, sei es als Projektverantwortlicher,
Teamleiter oder als Unternehmenslenker, dann reden und planen
Sie nicht zu viel, sondern schreiten Sie zur Tat!

Grau, teurer Freund, ist alle Theorie,
Und grün des Lebens goldner Baum.[188]

Viele wollen erst einmal reden und in zeitraubenden Besprechungen endlose Diskussionen führen. Doch Reden allein genügt nicht
und bringt Sie nicht weiter, wenn Sie nicht bereit zum Handeln
sind und aktiv etwas für Ihre Ziele tun. Sie sind Ihren Wettbe-
werbern um Längen voraus, wenn Sie da handeln, wo die anderen
noch reden.

Theorie und Erfahrung stehen gegeneinander in
beständigem Konflikt. Alle Vereinigung in der
Reflexion ist eine Täuschung; nur durch Handeln
können sie vereinigt werden. [189]

Kennen Sie den Unterschied zwischen Wissen und Weisheit? Der
Wissende weiß, dass er weiß. Der Weise tut, was er weiß: Handeln
kommt von Hand – und nicht von Maul.

Nur in der Theorie Bescheid zu wissen hilft Ihnen wenig. Denn:
Wirklich gelernt haben Sie nicht das, was Sie wissen, sondern nur
das, was Sie auch tun. Es geht nicht darum, Wissen aus Seminaren, Vorträgen und Büchern anzuhäufen, sondern darum, dieses erworbene Wissen in die Tat umzusetzen.

Wann immer Sie wissen wollen, ob etwas funktioniert oder nicht:
Probieren Sie es aus, werden Sie aktiv! Der beste Zeitpunkt dafür
ist heute. Was immer Sie erfahren und erreichen möchten: Packen
Sie es heute, packen Sie es jetzt an!

Der zur Tätigkeit geborne Mensch übernimmt sich
in Planen und überladet sich mit Arbeiten. Das
gelingt dann auch ganz gut, bis irgend ein physisches
oder moralisches Hindernis dazu tritt, um das
Unverhältnismäßige der Kräfte zu dem Unter-
nehmen ins klare zu bringen. [190]

Menschen, die viel bewegen möchten, neigen dazu, sich zu übernehmen. Irgendwann ist das Arbeitspensum zu hoch, sie drohen
sich zu verzetteln und müssen häufig Überstunden schieben. Wenn
Sie zehn Dinge an einem Tag zu tun und nur Zeit für sechs haben,
dann erledigen Sie die sechs wichtigsten und verzichten auf die vier
weniger wichtigen (siehe auch Thema Zeitmanagement auf Seite
92 ff.). Nehmen Sie bewusst in Kauf, dass Sie für die unerledigten
Aufgaben kritisiert werden.

Wie Sie erfolgreich mit Kritik umgehen

Gegen die Kritik kann man sich weder schützen
noch wehren;
man muß ihr zum Trutz handeln, und das läßt sie
sich nach und nach gefallen.[191]

Wer viel arbeitet, muss auch mit Kritik rechnen. Als Manager müssen Sie damit leben, aber nicht darunter leiden. Der souveräne Umgang mit Kritik, also selbst konstruktiv zu kritisieren und auch professionell Kritik einzustecken, gehört zu den hervorstechenden Eigenschaften von Entscheidern.

Wenn Sie sich wehren, bieten Sie dem Kritiker womöglich ungewollt eine neue Angriffsfläche. Seien Sie lieber offen und fassen Sie die Kritik als Rückmeldung auf, die möglicherweise sogar wertvolle Hinweise enthält, von denen Sie lernen können. Machen Sie sich auch klar, dass jede noch so sachliche Kritik etwas über den Kritiker aussagt (siehe „Spiegelgesetz" auf Seite 50 ff.). Lassen Sie sich also von Kritik nicht entmutigen und bleiben Sie entschlossen am Ball, um Ihre Ideen erfolgreich in die Tat umzusetzen: Sie werden feststellen, dass Ihre Kritiker dann nach und nach verstummen.

Wer uns am strengsten kritisiert?
Ein Dilettant, der sich resigniert.[192]

Häufig werden Dinge kritisiert, die der Kritiker selbst nicht hat oder kann. Je höher Ihr Selbstwertgefühl ist, desto gelassener und konstruktiver gehen Sie mit der Beurteilung anderer um. Behalten Sie das Heft des Handelns in der Hand, am Ende zählt doch nur, dass Sie Ihr Ziel erreichen. Während der Kritiker nur gackert, legen Sie einfach Ihr Ei.

Ohne Fleiß kein Preis –
10.000 Stunden und mehr

Und wer nicht richtet, sondern fleißig ist,
Wie ich bin und wie du bist,
Den belohnt auch die Arbeit mit Genuß;
Nichts wird auf der Welt ihm Überdruß.[193]

Seit dem 18. August 1960 trat eine unbekannte britische Band täglich in Clubs an der Großen Freiheit und auf der Reeperbahn in Hamburg auf. Durch die bis zu neun Stunden dauernden Arbeitstage spielte die Band von Tag zu Tag besser, wurde zum angesagtesten Geheimtipp und schließlich eine der erfolgreichsten Musikgruppen aller Zeiten: Die Beatles haben ihre Chance erkannt und im wahrsten Sinne des Wortes Tag und Nacht an ihrem Welterfolg gearbeitet!

Dem Tüchtigen ist diese Welt nicht stumm.[194]

Das eigene Talent erkennen und entwickeln, die eigenen Stärken stärken: Das sind die Fundamente für Ihren beruflichen Erfolg. Wer jetzt allerdings glaubt, leichten Fußes zum Erfolg zu kommen, wird enttäuscht werden. Um sein Ziel zu erreichen, muss man großes Engagement und viel Fleiß zeigen (siehe auch Thema „Ziele" ab Seite 84).

Fleiß im Beruf gibt neue Kräfte.[195]

Einer Studie[196] zufolge heißen seit Jahrzehnten die beiden wichtigsten Erfolgskriterien auf dem Weg zum beruflichen Erfolg Einsatz und Fleiß. Aus diesem Grund steht für erfolgreiche Manager und Führungskräfte besonders in den ersten Jahren das Berufsleben an erster Stelle. Wer übrigens schon als Student in seiner Lieblingsbranche arbeitet, erzielt nach dem Berufsstart häufig schnelle Erfolge.

Du sollst bald andere Früchte meines Fleißes sehen,
den ich so wenig als möglich unterbreche, und der
mein ganzes Glück macht.[197]

Überragende Menschen wie eben Goethe, Einstein oder Bach – das zeigen gleich mehrere Untersuchungen – weisen bei genauerem Hinsehen bemerkenswerte Ähnlichkeiten auf: Ob Dichterfürst, Physik-Nobelpreisträger oder Weltklasse-Komponist – bei Ausnahmemenschen ist es weniger das Geniale als vielmehr Fleiß und Zielstrebigkeit, die sie zu Spitzenleistungen befähigen.

Doch muß man denken, daß man nach und nach
durch anhaltenden Fleiß vieles zustande bringt.[198]

Der Psychologe Anders Ericsson von der Florida State University entdeckte in einer Studie eine herausragende Gemeinsamkeit von Ausnahmemenschen: Rund 10.000 Stunden Übung sind nötig, um eine Begabung zu einer außergewöhnlichen Fähigkeit zu trainieren.[199] Dabei spielt es keine Rolle, ob Sie Chefarzt oder Geiger sind, da jedes Gehirn rund 10.000 Stunden braucht, um eine bestimmte Fähigkeit ins Langzeitgedächtnis zu übertragen. Diese 10.000 Stunden entsprechen in etwa zehn Jahren, bis ein Mensch durch ausdauerndes Training in seinem Fachgebiet Spitzenleistungen erbringt.

Um ... zu irgend einer Art von Grund und
Besitz zu gelangen, erfordents Fleiß, Mühe,
Anstrengung ... [200]

Wichtig ist allerdings die Intensität, mit der Sie sich einer bestimmten Tätigkeit zuwenden. Um wirklich richtig erfolgreich zu werden, müssen Sie etwas tun, das die Masse eben nicht tut: immer wieder das üben, was Sie noch nicht beherrschen. Arbeiten Sie energisch daran, Ihre Grenzen auszuweiten. Wenn Sie dagegen immer wieder das machen, was Sie schon können, arbeiten Sie nicht besser, sondern nur mechanischer.

Hören Sie beispielsweise häufig Einwände Ihrer Kunden oder Ihrer Mitarbeiter und wissen Sie nicht recht, wie Sie damit umgehen sollen? Besuchen Sie entsprechende Kommunikationsseminare und üben Sie das Gelernte auch permanent nach dem Seminar. Wenn Sie häufig genug geübt haben, fällt es Ihnen später leicht, Einwände von Vorwänden zu unterscheiden und berechtigte Einwände spielerisch zu entkräften.

Kapitel 4

Wie Sie beruflichen und privaten Erfolg anziehen

Welche Wege und Strategien führen zu einem erfolgreichen und erfüllten Leben? Diese Frage ist der rote Faden, der sich durch das folgende Kapitel zieht. Lesen Sie, wie inspirierend die rund 200 Jahre alten Zitate und Aphorismen in Verbindung mit aktuellen Überlegungen und Hinweisen zum Thema beruflicher und privater Erfolg sind.

Der Glaube an den eigenen Erfolg und Glaubenssätze, die man schon in der Kindheit hauptsächlich von seinen Eltern übernommen hat, haben enormen Einfluss auf die innere Einstellung. Das Denken und die daraus resultierenden Gefühle und Handlungen formen den Glauben, sie gestalten das eigene Bild von der Welt. Negative Glaubenssätze, die sich oft ganz unbewusst in der Kindheit eingeprägt haben, können ein erfülltes und zufriedenes Leben komplett verhindern.

Aber nicht nur negative Glaubenssätze, auch schlechte Gewohnheiten sind oft ein Hindernis. Doch „... eine alte Gewohnheit legt sich so leicht nicht ab". Daher denken wir darüber nach, welche Wege und Möglichkeiten es gibt, sich nur noch gute, erfolgreiche Gewohnheiten zu eigen zu machen.

Dem sogenannten Pygmalion-Effekt zufolge können ein negativer Glaubenssatz und eine negative innere Einstellung zu gar nichts anderem als zu negativen Ergebnissen führen. Ein erstrebenswertes Ziel ist es, diesen Effekt so für sich zunutze zu machen, dass er im Positiven wirkt: Eine konstruktive innere Einstellung ebnet den Weg für Ihren beruflichen und privaten Erfolg.

Wo beginnt Erfolg? Immer im Kopf! Nur wer sich mit klaren Gedanken sein Ziel vorstellt, wer sich ein Bild davon macht, der kann es verwirklichen. Den Gedanken folgt die Realisierung: Jede Erfindung, jedes Produkt und jede Dienstleistung wird erst einmal gedacht, bevor es zur Umsetzung kommt.

Das Kapitel bietet noch weitere spannende Goethe-Weisheiten zum Thema persönliches Erfolgsmanagement: Hier finden Sie nützliche Hinweise, wie Sie durch Nachahmen lernen, wie Ihnen der Zufall zufällt und wie Sie die Kraft der Motivation nutzen.

„Was gibt uns wohl den schönsten Frieden, als frei am eignen Glück zu schmieden", schwärmte Goethe. Wie gern wären wir unseres Glückes Schmied, doch oft sind die Umstände dagegen oder etwas ganz Unvorhergesehenes tritt ein. Glücksrezepte gibt es wie Sand am Meer. Doch was tun, wenn die richtigen Zutaten fehlen? Der Wunsch, glücklich zu sein, ist so alt die Menschheit. Auch Goethe ging der Frage nach, welches das höchste Glück des Menschen sei.

„Krone des Lebens, Glück ohne Ruh, Liebe, bist du!" Die Liebe setzt Ihrem Leben die Krone auf. Goethe meinte damit die Liebe zu Ihrem Partner, die im Idealfall bedingungslos und ohne Erwartung ist. Aber auch die Liebe zu Ihrer Arbeit und Ihren Kunden ist wesentlich. Nur wer mit Liebe und Leidenschaft an sein Tagewerk geht, kann ein rundum erfülltes Leben führen.

Wie Glaube entsteht und warum er Berge versetzt

Beim Glauben, sagte ich, komme alles darauf an, daß man glaube; was man glaube, sei völlig gleichgültig.[201]

Vor über 100 Jahren lebte in London ein Universalgelehrter namens Francis Galton. Er war ein Vetter Darwins und galt als einer der fähigsten Wissenschaftler des ausgehenden 19. Jahrhunderts. Dieser Francis Galton machte eines Tages einen Gedankenversuch: Bevor er seinen alltäglichen Morgenspaziergang in London antrat, stellte er sich fest vor, er sei der meistgehasste Mann Englands. Nachdem er sich mehrere Minuten in einer Art Selbsthypnose auf diese Vorstellung konzentriert hatte, trat er seinen Rundgang wie gewohnt an. Die meisten Fußgänger wechselten die Straßenseite, als sie ihn sahen; ein Hafenarbeiter rempelte ihn im Vorbeigehen mit dem Ellbogen an, sodass er hinfiel. Auch auf Tiere schien sich die Abneigung gegen ihn übertragen zu haben. Ein Pferd schlug aus und trat Galton in die Hüfte, sodass er wieder stürzte. Als sich daraufhin eine Menschenmenge ansammelte, setzten sich die Leute ein – für das Pferd! Worauf Galton die Flucht ergriff, in seine Wohnung zurücklief und sein Experiment auswertete.

In Bezug auf Ihren beruflichen und privaten Erfolg besitzt diese Geschichte von Francis Galton eine außerordentliche Bedeutung: Sie sind das, was Sie glauben zu sein. Ob Sie sich lange genug einreden, ein Verlierer zu sein, oder ob Sie glauben, ein Gewinner zu sein, ist völlig gleichgültig: Sie werden in beiden Fällen recht behalten. Gewonnen und verloren wird zwischen den Ohren!

Das Wunderbarste dabei ist, daß das Beste unserer Überzeugungen nicht in Worte zu fassen ist. Die Sprache ist nicht auf alles eingerichtet ...[202]

Unser Glaube setzt sich zusammen aus unendlich vielen einzelnen Überzeugungen und Glaubenssätzen, die wir vor allem unbewusst in uns tragen. Er bringt daher auch unsere innere Einstellung zu Gott und der Welt zum Ausdruck. Unser Denken und die daraus resultierenden Gefühle und Handlungen formen unseren Glauben, sie gestalten unser Bild von der Welt: Die einen glauben, dass sie am Ende des Meeres in die Unterwelt stürzen, die anderen glauben, dort Indien zu entdecken. Viele Menschen glauben sich im Besitz der absoluten Wahrheit, obwohl ihre Wirklichkeit auch nur eine mögliche Sichtweise von vielen ist.

Nur unsere zweideutige, zerstreute Erziehung macht die Menschen ungewiß; sie erregt Wünsche, statt Triebe zu beleben, und anstatt den wirklichen Anlagen aufzuhelfen, richtet sie das Streben nach Gegenständen, die so oft mit der Natur, die sich nach innen bemüht, nicht übereinstimmen.[203]

Einer der Kerngedanken von Vera F. Birkenbihl lautet: Jeder einzelne Mensch bekommt ein riesiges Potenzial mit auf seinen Lebensweg, jeder trägt die Anlagen in sich, die er für ein glückliches und erfülltes Leben braucht. Allerdings setzt direkt nach der Geburt die Erziehung ein, bei der es sich eher um eine Art Programmierung handelt: Insbesondere die Eltern und andere Bezugspersonen leben dem Kind Verhaltens- und Glaubensmuster vor, die es kritiklos übernimmt. Ein Kind, das von seinen Eltern immer von denen „da oben" hört, verortet sich dann eben bei denen „da unten". Diese Glaubensmuster brennen sich tief in das Unterbewusstsein ein und wirken von dort ein Leben lang.

Es sei denn, der Jugendliche oder Erwachsene erkennt, dass es die Gedanken seiner Eltern waren, die ihn im wahrsten Sinn des Wortes geprägt haben, und dass er jetzt die Möglichkeit hat, eigene Gedanken zu formulieren, mit denen er sich nun selbst „programmieren" kann. Gedanken, mit denen er die alten und Erfolg verhindernden Glaubenssätze auflösen und durch neue und Erfolg versprechende Ideen ersetzen kann.

Das ist die gute Nachricht: Als Kinder mussten wir die Programmierung durch unsere Eltern hinnehmen, heute sind wir unsere eigenen Programmierer. Wir sind in der Lage, neue Glaubenssätze zu kreieren und in uns zu verankern. Wir sind keine *Opfer*, sondern *Schöpfer* unseres Lebens – nur ein paar Buchstaben machen den ganzen Unterschied!

Überzeugung soll dir niemand rauben;
Wer's besser weiß, der mag es glauben.[204]

Unsere Glaubenssätze geben uns Sicherheit und schützen uns vor Fehlern; wir schaffen uns eine Welt, in der wir uns auskennen und geborgen sind. Wir wissen zum Beispiel, dass ein Stift nicht nach oben, sondern nach unten fällt, wenn wir ihn loslassen. Was bei Naturgesetzen sinnvoll ist, ist bei allgemeinen Annahmen und Überzeugungen gefährlich. Mit Glaubenssätzen bauen wir eine Erwartungshaltung auf, die unser Verhalten und unsere Wahrnehmung beeinflusst: Sie sehen das, was Sie zu sehen erwarten, und filtern andere Informationen aus Ihrer bewussten Wahrnehmung heraus. Diesen Vorgang nennt man selektive Wahrnehmung. Die Reaktionen der anderen interpretieren Sie so, dass es zu Ihrer Erwartung passt. Über Ihre Verhaltensweise beeinflussen Sie das Verhalten der anderen so, dass Ihre Erwartungen sehr wahrscheinlich eintreffen: Ihre Erwartungshaltung wirkt wie eine sich selbst erfüllende Prophezeiung (weitere Informationen finden Sie dazu auf Seite 120 ff.). Es werden meist genau die Mitarbeiter befördert beziehungsweise entlassen, die bewusst oder unbewusst damit gerechnet haben.

Autopilot für Erfolg – erfolgreiche Gewohnheiten verstärken

Ein jeder Mensch wird von seinen Gewohnheiten regiert ...[205]

„Männer können nicht zuhören" und „Frauen können nicht einparken" sind klassische generalisierende Glaubenssätze. Einschränkende Glaubenssätze wie „Ich bin zu alt", „Ich habe zu wenig Geld" und „Ich habe dazu kein Talent" hindern uns daran, unser Leben so zu gestalten, wie wir es uns wünschen, und werden uns zu Autopiloten, die unser Verhalten unbewusst steuern.

Der Charakter ist eine psychische Gewohnheit, eine Gewohnheit der Seele, und seinem Charakter gemäß handeln, heißt seinen psychischen und geistigen Gewohnheiten gemäß handeln, denn diese sind ihm allein bequem, und nur das Bequeme gehört uns eigentlich an.[206]

Kinder lernen, weil sie neugierig sind. Sie sind experimentierfreudig, stellen viele Fragen und sind gedanklich flexibel. Immer neue Eindrücke produzieren in ihnen laufend neue Gedanken, die im Gehirn zu neuronalen Verbindungen verknüpft werden. Das ist auch der Grund, warum das Gehirn so rasch an Gewicht zunimmt: Wiegt es bei der Geburt 250 Gramm, sind es schon rund 1.300 Gramm im fünften Lebensjahr. Als Erwachsene nutzen wir die vorhandenen Verbindungen aus wirtschaftlichen Gründen. Neue kreative Gedanken kosten Denkleistung, daher greift unser Gehirn gern auf etablierte Denkbahnen zurück. Das ist der entscheidende Grund für die Macht der Gewohnheiten, deswegen sind wir Menschen Gewohnheitstiere. Das ist auch der Grund, warum sich so wenige Menschen mit dem Denken beschäftigen: Gewohnte Gedanken denken sich leicht, kreative Gedanken sind (für Ungeübte) harte Arbeit.

Sorgend bewacht der Verstand des Wissens dürftigen Vorrat ...[207]

Von Vera F. Birkenbihl stammt die bekannte Metapher, nach der unsere geistigen Prozesse zu 15 Millimeter bewusst und zu 11 Kilometer unbewusst ablaufen. Gemeint ist damit Folgendes: Sowohl unsere Wahrnehmung und Verarbeitung von Sinnesreizen als auch unser Denken erfolgen zu einem winzigen Bruchteil bewusst und zu einem großen Teil unbewusst. Ein Beispiel: Das Unterbewusstsein verarbeitet jede Sekunde rund 10.000.000 Info-Bits an über den Sinneskanal Augen aufgenommenen Informationen. Von dieser riesigen Datenmenge verarbeitet unser bewusst denkender Teil hingegen nach aktuellen Schätzungen nur etwa 2.000 Info-Bits pro Sekunde. Das reicht dazu aus, um einen Satz wie diesen zu lesen und verstehen – mehr nicht!
Ihr Verstand arbeitet wie ein Wachmann: Er entscheidet darüber, was Sie bewusst denken und in Ihrem Unterbewusstsein speichern und welche Gedanken Sie ablehnen und damit auch Ihrem Unterbewusstsein vorenthalten. Setzen Sie daher Ihren Verstand aktiv als einen Mitarbeiter ein, mit dessen Hilfe Sie über Ihr bewusstes Denken gezielt konstruktive Inhalte in Ihrem Unterbewusstsein abspeichern und destruktive Gedanken von ihm fernhalten: Überblättern Sie den Panoramateil Ihrer Zeitung, in dem regelmäßig von Mord, Totschlag und Vergewaltigung berichtet wird. Sie können erstens in aller Regel nichts mehr ändern und zweitens ent-

wickeln Sie langfristig ein negatives Weltbild. Es handelt sich dabei um geistigen Müll, den Sie mit Ihrem Verstand ganz gezielt umgehen können, bevor er in Ihrem Langzeitspeicher Unterbewusstsein landet. Der größte Mülllieferant ist das Fernsehen – das hindert allerdings viele Menschen nicht daran, aus ihren Wohnzimmern Müllhalden zu machen. Gewöhnen Sie es sich lieber an, regelmäßig den Ratgeber- oder Wirtschaftsteil Ihrer Zeitung zu lesen oder schauen Sie sich Sendungen an, die Sie weiterbringen und inspirieren.

Eine alte Gewohnheit legt sich so leicht nicht ab ...[208]

Gewohnheiten sind vom Verstand vorgefilterte Programme, die meist über Jahre tief in Ihrem Unterbewusstsein verankert wurden und sich daher nicht so leicht ablegen lassen. Was genau macht eigentlich dieses Unterbewusstsein?

Ihr Unterbewusstsein können Sie sich wie eine riesige Lagerhalle mit einer unendlich großen Lagerfläche vorstellen: Jedes Mal, wenn Sie etwas über Ihre Sinneskanäle aufnehmen, wird ein Aktenordner dafür angelegt und in ein entsprechendes Regal gestellt. Ihr Unterbewusstsein bewertet diesen Aktenordner nicht, er ist weder gut noch schlecht – er existiert einfach: Das Unterbewusste ist Ihr treuer Diener, der Sie dabei unterstützt, den Inhalt der Aktenordner urteilsfrei in die Tat umsetzen. Ein Beispiel: Je häufiger Sie Ihr Kind für seine Fortschritte beim Klavierunterricht loben (positive Information), desto mehr Aktenordner mit positivem Inhalt werden im Unterbewusstsein Ihres Kindes angelegt. Alle Aktenordner ergeben in Summe ein unterbewusstes Programm bzw. Glaubensmuster, das zum Beispiel „Ich bin ein guter Klavierspieler" lautet. Nun sorgt das Unterbewusstsein dafür, dass dieses Programm realisiert wird; es unterstützt das Kind in dem Prozess, ein guter Klavierspieler zu werden. Wird hingegen das Kind andauernd kritisiert, dann sorgt das Unterbewusstsein genau so zuverlässig dafür, dass dieses negative Programm umgesetzt wird: Das Kind wird die Lust am Klavierspielen verlieren und am Ende aufgeben. Das gilt natürlich auch für Ihren Partner und Ihre Mitarbeiter: Je häufiger Sie (echte) Leistungen würdigen, desto positiver der

Effekt für die Gelobten („Ich bin ein wichtiger Mitarbeiter"). Das Unterbewusstsein setzt jetzt alles daran, diese Glaubenssätze Realität werden zu lassen.

Sehr intensive Eindrücke und Erlebnisse werden als besonders dicke Aktenordner abgelegt: Ein schmerzhafter Wespenstich in der Kindheit kann ein ganzes Leben lang (meist unterbewusst) für Sorgfalt im Umgang mit Süßem im Freien sorgen. Das zeichnet das Unterbewusstsein aus: Selbst wenn die Aktenordner nicht benötigt werden, beeinflussen sie in Form von Gewohnheiten unser tägliches Denken und Handeln. Wie können Sie jetzt dieses Wissen nutzen?

Arbeiten Sie bewusst mit Ihrem Unterbewusstsein zusammen. Ihr Verstand ist nur die Spitze des Eisbergs, machen Sie den unter der Wasseroberfläche liegenden Teil – Ihr Unterbewusstsein – zum tragenden Element für Ihr Leben: Vermeiden Sie alles, was Sie von Ihrem Weg abbringt, zum Beispiel den Umgang mit destruktiven Menschen. Konzentrieren Sie sich soweit wie möglich auf Menschen und Dinge, die Sie aufbauen und sowohl beruflich als auch privat nach vorn bringen – das ist die beste Gewohnheit, die Sie sich angewöhnen können.

Herr, die Not ist groß!
Die ich rief, die Geister,
Werd' ich nun nicht los.[209]

Sie sind hoch motiviert mit dem guten Vorsatz ins neue Jahr gestartet, für immer auf Süßigkeiten zu verzichten. Welchen Einfluss haben Ihre Gewohnheiten nun auf Ihren Vorsatz?

Da Gewohnheiten tief im Unterbewusstsein verankert sind, scheitern die meisten Menschen spätestens am dritten Tag des neuen Jahres mit dem Vorsatz und nehmen lieber weiterhin Übergewicht und Karies in Kauf, als auf Schokolade und Kekse verzichten zu müssen: Die neuronale Verbindung „leckere Kekse" bildet in ihrem Gehirn eine achtspurige Autobahn, ihre bewussten Gedanken an ein besseres Leben ohne Zucker bilden sich noch in einer kleinen und unbedeutenden neuronalen Verbindung ab, einer

Art Trampelpfad in ihrem Gehirn. Im direkten Vergleich bedeutet das auf der einen Seite schmerzhaften Verzicht auf gewohnten Genuss und auf der anderen Seite eine vages Experiment mit unbekanntem Ausgang. Da das normale menschliche Gehirn Veränderungen von Natur aus reserviert gegenübersteht, fällt die Entscheidung zugunsten von Keksen und Schokolade leicht.

Wann also gelingen Veränderungen? Erstens nur, wenn eine alte Gewohnheit mehr Schmerzen als Freude bringt und eine neue Gewohnheit mehr Freude als Schmerzen bereitet (mehr zum „Schmerz-Freude-Prinzip" auf Seite 136 ff.). Das heißt im konkreten Beispiel: Erst wenn Sie Schokolade mit Dickbauch und Zahnausfall und ein Leben ohne Schokolade mit Waschbrettbauch und weißem Strahlelächeln in Verbindung bringen, werden Sie Ihren guten Vorsatz in die Tat umsetzen.

Zweitens gelingen Veränderungen dann, wenn Sie den Vorsatz jeden Tag aufs Neue bewusst in die Tat umsetzen, in aller Regel einen Monat lang: Dann haben Sie aus dem anfänglich schmalen neuronalen Pfad eine stattliche Straße gebaut; Sie haben eine neue Gewohnheit installiert.

Manchmal geht es auch schneller, zum Beispiel wenn starke Emotionen im Spiel sind: Stirbt ein Raucher an Lungenkrebs, können Familienangehörige oder Freunde das Rauchen über Nacht aufgeben.

> *In der Gewohnheit liegt das einzige Behagen des Menschen; selbst das Unangenehme, woran wir uns gewöhnten, vermissen wir ungern.*[210]

Für alles Tun und Lassen zahlen wir immer einen Preis: Gedankenträgheit und geistiges Nichtstun lassen neuronale Verbindungen verkümmern – man führt ein gewöhnliches Leben in gewohnten Denkrillen und ist auf lange Sicht auf dem sicheren Weg in Altersstarrsinn und Geistesschwäche.

Offen für neue Ideen sein, Altes anzweifeln und „um die Ecke denken" produzieren neue Verbindungen im Gehirn und sorgen dafür, dass Sie immer einen Schritt schneller sind als die Konkurrenz, dass Sie Ihr Leben abwechslungsreich gestalten und Ihre Persönlichkeit entfalten.

Was tun, wenn Gewohnheiten doch so behaglich sind? Erstens: Nehmen Sie sich vor, nur noch gute Gewohnheiten beizubehalten. Zweitens: Leben Sie die Zauberformel vom lebenslangen Lernen. Sind Sie auf einem Gebiet Meister geworden, fangen Sie auf einem anderen als Lehrling wieder an. Sich regelmäßig weiterzubilden heißt, geistig fit zu sein bis ins hohe Alter.

Pygmalion-Effekt – der Einfluss Ihrer inneren Einstellung

> *Wenn wir … die Menschen nur nehmen, wie sie sind, so machen wir sie schlechter; wenn wir sie behandeln, als wären sie, was sie sein sollten, so bringen wir sie dahin, wohin sie zu bringen sind.*[211]

Im Jahr 1965 entdeckten die Psychologen Robert Rosenthal und Leonore Jacobson den inzwischen berühmt gewordenen Pygmalion-Effekt, mit dem der Einfluss von Lehrern auf Schüler beeindruckend nachgewiesen wurde:

Im Rahmen des Experiments erklärte Rosenthal den Lehrern, dass bestimmte Schüler überdurchschnittlich begabt seien, obwohl es sich dabei um eine zufällige Auswahl ganz normaler Schüler handelte. Der Unterschied zu anderen Schülern existierte also nur im Bewusstsein der Lehrer. Nach acht Monaten stellte sich heraus: Bei den als überdurchschnittlich bezeichneten Schülern fanden deutliche Leistungssteigerungen statt.

Rosenthal resümierte: Menschen, die eine positive Erwartung an andere haben, beeinflussen diese entsprechend über positive Körpersprache, höhere Anforderungen sowie mehr Lob und Zuwendung. Bezogen auf den Unternehmensalltag heißt das: Was Sie von Ihrem Mitarbeiter erwarten, wird er auch in etwa leisten. Sie haben eine ganz bestimmte innere Einstellung zu Ihrem Mitarbeiter, die Sie unbewusst ausstrahlen. Er passt sein Verhalten, wiederum unbewusst, an – mit dem Resultat, dass er Ihre Erwartung erfüllt. Diese Erwartungshaltung wirkt im Positiven wie im Negativen: Wünschen Sie sich konstruktive Ergebnisse Ihrer Mitarbeiter, dann beginnen Sie mit einer konstruktiven Einstellung zu Ihren Mitarbeitern. Loben und wertschätzen Sie Ihre Mannschaft aufrichtig, signalisieren Sie ihr Vertrauen und die Erwartung, selbst hochgesteckte Ziele zu erreichen. Übrigens: Selbstverständlich gilt der Pygmalion-Effekt auch in der Familie.

Es bleibt einem jeden immer noch so viel Kraft, das auszuführen, wovon er überzeugt ist.[212]

Viele unserer Glaubenssätze betrachten wir als unabänderliche Wahrheiten. Das gilt insbesondere für die einschränkenden Glaubenssätze. Und doch können wir sie ändern, indem wir sie hinterfragen und wiederholt andere Erfahrungen machen.

In der Praxis ist die Als-ob-Strategie die wirkungsvollste Methode, in ungewohnten Situationen erfolgreich abzuschneiden: Sie tun einfach so, als ob Sie über eine bestimmte Fähigkeit bereits verfügen. So schaffen Sie sich konstruktive Glaubenssätze, die Ihnen Ihre wahren Fähigkeiten aufzeigen. Ob im Vorstellungsgespräch, in wichtigen Telefonaten oder Verhandlungen: Sie stehen immer vor der Wahl zwischen den Annahmen „Ich bin ein schlechter Verhandlungsführer" und „Ich bringe die Verhandlung zu einem guten Ende mit zwei Gewinnern". Wenn Sie kompetent auftreten, halten die anderen Sie auch für kompetent.

Geben Sie Glaubenssätze auf, die Sie einschränken, und bauen Sie Glaubenssätze auf, die Ihnen förderlich sind.

Wir wissen nur zu sehr, daß die Überzeugung nicht von der Einsicht, sondern von dem Willen abhängt; daß niemand etwas begreift, als was ihm gemäß ist …[213]

Eine konstruktive innere Einstellung ist der entscheidende Schlüssel für Ihren beruflichen und privaten Erfolg.

Wenn Sie erwarten, dass ein bestimmtes Produkt unverkäuflich ist, finden Sie auch immer genügend Beweise dafür. Wenn Sie jedoch von Ihrem Produkt überzeugt sind, werden Sie auch Ihre Kunden davon überzeugen.

Du bist gerettet, wenn du glauben kannst.[214]

Glauben Sie an Ihren Erfolg, so werden Sie ihn wahrscheinlich erreichen; glauben Sie an Ihren Misserfolg, so werden Sie ihn mit Sicherheit erreichen: Am Anfang stehen Ihre Gedanken und Ihr Handeln richtet sich unbewusst daran aus. Sind Ihre Gedanken konstruktiv, werden Sie alles daransetzen, das gesteckte Ziel zu erreichen. Sind Ihre Gedanken destruktiv, programmieren Sie sich selbst auf Misserfolg. Mit Ihrer inneren Einstellung haben allein Sie die Macht, sich für das eine oder andere zu entscheiden, Sie sind Ihres Glückes Schmied.

Die Macht Ihrer Gedanken – der Beginn Ihres Erfolgs

Man sollte manchmal einen kühnen Gedanken auszusprechen wagen, damit er Frucht brächte.[215]

Erinnern Sie sich? Am 19. August 2008 betritt ein Mann mit ernstem Gesichtsausdruck die Gewichtheberbühne. Über drei Jahre zuvor hatte er Österreich verlassen, um in Deutschland zu seiner großen Liebe, die er bald darauf heiratete, zu ziehen. In seiner alten Heimat glaubte außer seinem Trainer ohnedies keiner mehr an ihn.

Dieser Mann also greift nach der 258 Kilogramm schweren Hantel, reißt sie mit einem lauten Schrei und hochrotem Kopf in die Höhe. Dort hält er sie lange genug, um die olympische Goldmedaille zu gewinnen – Matthias Steiner ist jetzt der stärkste Mann der Welt. Er lässt die Hantel donnernd auf den Boden fallen, dann gehen seine Gefühle mit ihm durch: Er wirft sich hin, brüllt, weint und trommelt mit seinen Fäusten auf den Bühnenboden.

Bei der ergreifenden Siegerehrung hält er ein Bild seiner geliebten Frau in der Hand, die im Juli des Vorjahres bei einem Autounfall ums Leben kam. Unglaublich, nicht wahr?

> *Die Richtigkeit des Gedankens ist die Hauptsache,*
> *denn daraus entwickelt sich allein das Richtige der*
> *Behandlung.*[216]

Am Anfang eines Erfolgs stehen Ihre Gedanken: Was auch immer Sie erreichen möchten, müssen Sie in einem ersten Schritt erst einmal denken. Der spektakuläre Goldmedaillengewinn von Matthias Steiner ist für uns Zuschauer nahezu unvorstellbar: 258 Kilogramm im Stoßen, und das nach einem schweren Schicksalsschlag! Solange wir jedoch nicht einmal gedanklich etwas bestimmtes nachvollziehen können, solange wird es uns auch im echten Leben verschlossen bleiben. Alles, was wir mit unseren Gedanken nicht fassen können, können wir auch nicht in die Tat umsetzen. Positiv formuliert heißt das: Nur wenn Sie sich etwas mit klaren Gedanken vorstellen können – wenn Sie also ein Bild davon haben, welches Ziel Sie erreichen möchten –, können Sie es auch verwirklichen.

Zuerst der Gedanke, dann die Umsetzung

> *Weil aber Materie nie ohne Geist ... existiert ...*[217]

Materie folgt immer dem Geist. Das ist ein physikalisches Gesetz: Zuerst ist Ihre Gedankenenergie da, der dann die Materie folgt. Den Gedanken folgt die Umsetzung, der Idee des Rades folgt der Bau desselben. Ihren Gedanken folgen die Konzepte für Ihre Produkte und Dienstleistungen. Verschiedene Studien belegen, dass ein Mensch zwischen 30.000 und 60.000 Gedanken an einem Tag denkt. Ihre derzeitige Situation ist daher auch ein Ausdruck Ihrer vergangenen Gedanken.

Wem es nicht zu Kopfe will, daß Geist und Materie,
Seele und Körper, Gedanke und Ausdehnung, oder
Wille und Bewegung die notwendigen Doppelingre-
dienzien des Universums waren, sind und sein
werden, die beide gleiche Rechte für sich fordern und
deswegen beide zusammen wohl als Stellvertreter
Gottes angesehen werden können – wer zu dieser
Vorstellung sich nicht erheben kann, der hätte das
Denken längst aufgeben, und auf gemeinen Welt-
klatsch seine Tage verwenden sollen.[218]

Wenn Sie ab sofort etwas anderes denken und machen als bisher, werden Sie feststellen, dass Ihr Leben anders verlaufen wird als bisher. Wer ist verantwortlich dafür, was Sie denken und tun? Nur Sie allein. Die Qualität Ihrer Gedanken ist die Ur-Ursache der Qualität Ihres Lebens: Ihren Gedanken folgen Sprache und Handlungen, daraus ergeben sich Ihre Gewohnheiten, die wiederum Ihr Schicksal bestimmen.

Ihr Denken ist Ihre Schicksalsproduktionsmaschine: Ihre gesamte Lebenssituation ist ein Produkt Ihrer Gedanken; Sie sind immer das, was Sie zu sein glauben!

Ihr Selbstbild und Ihre wahren Möglichkeiten

… aber wer kommt früh zu dem Glücke, sich seines
eigenen Selbsts … bewußt zu sein?[219]

Jeder Mensch hat ein bestimmtes Bild von sich selbst. Es gibt Auskunft darüber, wie Sie sich selbst sehen und wie Sie über sich denken. Wenn Sie nach eigener Auffassung gar kein Organisationstalent sind, helfen Ihnen auch die allerbesten Tipps aus Managementseminaren nicht weiter. Die mächtigste Kraft in uns ist das Bedürfnis, auf lange Sicht mit dem Bild von uns selbst – unserem Selbstbild – übereinzustimmen. Das Denken und das Tun decken sich in aller Regel mit dem eigenen Selbstbild. Damit bestimmt das Selbstbild auch die eigenen Grenzen, in denen Sie sich bewegen.

Entscheidend ist: Das Selbstbild und die Grenzen stimmen nicht immer mit den wahren Möglichkeiten überein, sie können Sie im wahrsten Sinne des Wortes begrenzen. Sie nehmen beispielsweise an, kein großer Redner zu sein, obwohl Sie noch nie eine Rede vor Publikum gehalten haben. Wenn Sie dann gezwungenermaßen eine Rede halten, zum Beispiel im Rahmen einer Feierlichkeit, kann dies natürlich auch gut funktionieren. Sie haben dann eine Grenze überschritten beziehungsweise die Komfortzone verlassen (vgl. Seite 69 ff.) und Ihr Selbstbild und damit Ihr Denken, Handeln und sich selbst verändert.

Wenn Sie also mit Ihrem Leben oder einzelnen Aspekten unzufrieden sind und sich daher ändern wollen, dann sollten Sie damit beginnen, Ihr Selbstbild zu ändern. Wie sehen Sie sich zurzeit selbst, was denken Sie über sich und wie wollen Sie sich in Zukunft sehen? Was sollten Sie dafür tun, welche Ressourcen benötigen Sie und welche Maßnahmen sind zu ergreifen? Wie sieht Ihr erster konkreter Schritt aus? Das klingt ziemlich leicht und ist doch so schwer. Was Sie haben, wissen Sie; was kommen wird, wissen Sie nicht. Es erfordert daher auch immer den „Mut zur Veränderung". Sie wissen zwar nicht, ob es besser wird, wenn Sie sich ändern, aber Sie wissen, dass Sie sich ändern müssen, damit es besser wird.

Denken Sie intensiv und konzentriert

Die Menschen denken nur ausweichend![220]

Völlig zu Recht werden Gedanken auch Gedankenstrom oder Gedankenenergie genannt: Sie sind Energien, die mit empfindlichen Aufnahmegeräten im Gehirn gemessen werden können. Die Physik lehrt uns, dass Energie nicht verloren gehen kann. Das hat beachtliche Konsequenzen: Denken Sie intensiv und konzentriert an das Erreichen Ihres Ziels, unterstützt Sie diese Energie bei Ihrer Zielerreichung. Denken Sie begeistert und voller Überzeugung an Ihren Erfolg und gehen Sie Ihre Ziele energisch an: Dann erreichen Sie sie auch.

An diesem Punkt werden viele Menschen skeptisch, weil ihnen dieser Erfolgsweg zu einfach erscheint. Anstatt ihn auszuprobieren, weichen sie aus und zerstreuen ihre Energie. Wenn Sie also Ihre Gedanken nicht bündeln wie einen Laserstrahl, verpuffen sie in kraft- und orientierungslosen Gedankenströmen.

Konzentrieren Sie Ihre Gedanken auf ein bestimmtes Thema, dann kommunizieren und handeln Sie entsprechend: Das ist der Erfolg versprechende Weg zum Ziel.

> *Tief und ernstlich denkende Menschen haben gegen das Publikum einen bösen Stand.*[221]

Nur die Dummheit wächst auch ohne permanente Konzentration und Bündelung der Gedanken. Tagesschau, Zeitung und Internet bilden Meinungen, die vielfach kritiklos übernommen werden, anstatt sie abzuwägen, zu durchdenken und kritisch zu hinterfragen. Ein Beispiel: In Deutschland macht der Staat sogar in den fetten Jahren Schulden, in den mageren macht er einfach *noch mehr* Schulden. Wer soll den jährlich anwachsenden deutschen Schuldenberg, der sich inzwischen auf knapp 2.000.000.000.000 Euro beläuft, jemals zurückbezahlen? Wieso wird über die voraussichtlich unangenehmen Konsequenzen kaum öffentlich nachgedacht?

> *Jeder Mensch muß nach seiner Weise denken ...*[222]

Intensives (Nach-)Denken kostet Zeit und Mühe, führt am Ende jedoch meistens zu ungewöhnlichen Einsichten.

Auf Verkaufstrainings zeigt sich allerdings, wie selten sich Verkäufer systematisch auf ihr Verkaufsgespräch vorbereiten und sich die passenden Argumente für Einwände zurechtlegen. Kommen vom Kunden auch nur schwache Einwände, weht nur ein leiser Gegenwind, haben viele Verkäufer nichts entgegenzusetzen. Statt den Kunden nach Beweggründen und Hintergrundinformationen zu fragen („Darf ich nach dem Grund fragen?"), reagieren viele Verkäufer unbeholfen oder besserwisserisch („Das sehen Sie falsch").

Weil viele Verkäufer wenig selbst (nach-)denken und sich kaum weiterentwickeln, gibt es zahlreiche Durchschnittsverkäufer und nur eine kleine Elite von Spitzenverkäufern.

Große Gedanken und ein reines Herz, das ist's, was wir von Gott erbitten sollten.[223]

Sie sind, was Sie denken. Diese fundamentale und faszinierende Erkenntnis hat es verdient, in großen Lettern im Büro und in der Wohnung aufgehängt zu werden. Möchten Sie sich zum Beispiel besser organisieren, dann fangen Sie ganz einfach mit Ihrem Denken an. Es ist genauso einfach, wie es klingt – für viele zu einfach. Sehr hilfreich – um genau zu sein notwendig – sind bei diesem Denken Disziplin und dem Denken entsprechendes Handeln. Disziplin heißt in diesem Zusammenhang, einen Gedanken nicht nur einmal zu denken, sondern kontinuierlich, und zwar bestenfalls als sogenannte Autosuggestion (formelhafte Selbstbeeinflussung). Ihr Unterbewusstsein nimmt diese Suggestionen wertfrei auf und setzt nun alles daran, Ihre Gedanken in die Tat umzusetzen. Das heißt, dass Sie sich so oft wie möglich am Tag ein bestimmtes Ziel vorsprechen, zum Beispiel: „Ich bin eine erfolgreiche und sympathische Persönlichkeit." Beachten Sie in diesem Zusammenhang die 3-P-Formel:

- Das erste P steht für „persönlich": Lassen Sie Ihre Autosuggestion immer mit „Ich" beginnen; ein wesentliches Zielkriterium ist, dass Sie persönlich verantwortlich für das Zielerreichen sind.
- Das zweite P steht für „Präsens": Wählen Sie für Ihre Suggestionen die Gegenwartsformen wie „bin" oder „habe", so dass Ihr Unterbewusstsein Ihre Gedanken im Hier und Jetzt verwirklichen kann.
- Das dritte P steht für „positiv": Formulieren Sie Ihre Zielsuggestion positiv, da Ihr Unterbewusstsein Verneinungen nicht versteht (also „ich bin gesund" statt „ich bin nicht mehr krank").

Dem Denken entsprechendes Handeln heißt, dem Ziel gemäß zu handeln. Es ist widersinnig, sich in seiner Vorstellung als sympathischen Chef und Kollegen zu sehen und gleichzeitig jeden Tag hinter vorgehaltener Hand über die Mitarbeiter zu lästern. Sie werden feststellen, dass jede freundliche Rückmeldung Ihr Selbstvertrauen stärkt. Bejahen Sie den Weg, den Sie zu Ihrer Zielerreichung gehen müssen.

„Sympathisch sein" ist hier nur ein Beispiel, für das beliebig andere Wünsche eingesetzt werden können, zum Beispiel „gesund sein", „reich sein", „beruflich erfolgreich sein".

Der schnellste Weg an die Spitze – Lernen durch Nachahmen

> *Alles Gescheite ist schon gedacht worden, man muß nur versuchen, es noch einmal zu denken.*[224]

Jeden Tag werden überall auf der Welt neue und gute Gedanken geboren. Brillante neue Einfälle fallen allerdings nicht vom Himmel, sondern basieren fast immer auf bereits gedachten Gedanken. Vernetzen Sie eine bekannte Idee mit einer neuen, entsteht in der Summe etwas Neues, etwas noch nie Dagewesenes, eine Innovation. Kurzum: Bevor das Rad erfunden wurde, musste es erst einmal mit Gedankenenergie erdacht werden. Sie brauchen es daher nicht noch einmal zu erfinden.

Nehmen Sie Vorhandenes einfach als Basis für Neuerungen, die darauf aufbauen. Dieses Buch ist dafür das beste Beispiel: Rund 200 Jahre alte Gedanken auf die Jetztzeit übertragen ergeben in der Summe eine Anleitung für Lebenserfolg im 21. Jahrhundert!

> *(Man möge erreichen, Anm. d. Verf.) die Gedanken der Besten nachzudenken und den Besten gleich zu empfinden.*[225]

Was machen die bekannten Unternehmenslenker, Wissenschaftler, Musiker und Sportler, die über Jahre – auch in Krisenzeiten – die Besten ihres Gebiets sind, besser als alle Wettbewerber? Wo liegt der Unterschied? Finden Sie es heraus und ahmen Sie es nach! Ihre

Spiegelneuronen werden schon dann aktiv, wenn Sie sich gedanklich damit beschäftigen, wie andere etwas Bestimmtes erreicht haben (siehe „Spiegelneuronen" auf Seite 40 f. und 64 f.).

Nach der japanischen hat nun auch die chinesische Autoindustrie damit begonnen, insbesondere europäische Autos nachzubauen und sich weitestgehend an das Verhalten deren Hersteller anzulehnen. Sich an den Besten zu orientieren wird heute auch „Modeling of Excellence" genannt – was in etwa „Lernen durch Nachahmen der Besten" bedeutet. Fragen Sie also keinen Trabi-Fahrer, wenn Sie in der Formel 1 starten wollen.

> *Ruhig und vernünftig zu betrachten, ist zu keiner Zeit schädlich, und indem wir uns gewöhnen, über die Vorzüge anderer zu denken, stellen sich die unsern unvermerkt selbst an ihren Platz ...*[226]

Lernen Sie, indem Sie Spitzenleute nachahmen: Das ist der Weg, um selber an die Spitze zu gelangen. Erfolgreiches Verhalten an einem Experten zu erkennen und nachzuahmen ist die schnellste, leichteste und motivierendste Methode, selbst zu wachsen. Wählen Sie sich einen Menschen als Vorbild aus, der eine gewünschte Verhaltensweise erwiesenermaßen am besten beherrscht: Sie können genauso erfolgreich sein wie Ihr Vorbild!

Dem Beispiel eines anderen zu folgen ist für niemanden etwas Neues: Uns ist nämlich der Nachahmungstrieb angeboren. Unbewusst ahmen bereits Babys und Kinder ihre Eltern, die ihre wichtigsten Bezugspersonen sind, nach.

Stellen Sie sich drei Fragen:
- Was möchte ich lernen?
- Wer bringt Spitzenleistungen auf diesem Gebiet?
- Wer davon ist mir sympathisch, wen wähle ich als „Idol"?

Wenn Sie Ihrem Vorbild nicht persönlich begegnen können, dann lernen Sie sein Denken und Verhalten beispielsweise über Vorträge, Bücher und DVDs kennen und imitieren es. Wie ein marodes Unternehmen zum profitabelsten seiner Branche weltweit wird, hat beispielsweise der ehemalige Porschechef Wendelin Wiedeking vorgemacht und in einem Kapitel seines Buches *Anders ist besser: Ein Versuch über neue Wege in Wirtschaft und Politik* beschrieben. Darüber hinaus gilt: Wenn Sie mit Ihren Händen nach den Sternen greifen, dann bleiben Sie am besten mit beiden Beinen auf dem Boden.

> *Vollkommenheit ist die Norm des Himmels;*
> *Vollkommenes wollen die Norm des Menschen.*[227]

Vorsicht! Wer immer nur andere nachahmt, wird stets lediglich die Kopie des Originals sein. Aus diesem Grund wurde in Japan Kaizen erfunden, auch Kontinuierlicher Verbesserungsprozess (KVP) genannt: Kaizen ist der ständige Verbesserungsprozess in kleinen Schritten. Es handelt sich nicht um eine Methode, die im Bedarfsfall angewendet wird, sondern um eine Geisteshaltung, die permanent gelebt wird. Welche konkreten wesentlichen Forderungen stellt Kaizen an Sie und Ihr Unternehmen, damit Sie sich fortwährend verbessern können?

- Vermeiden Sie Verschwendung, Überlastung und Unausgeglichenheit!
- Halten Sie Ihren Arbeitsplatz sauber!
- Schaffen Sie Ordnung, indem Sie das Notwendige vom Unnötigen trennen. Werfen Sie alles Unnötige danach weg!
- Erhalten Sie diszipliniert die geschaffene Sauberkeit und Ordnung!

Diese leicht verständlichen und umsetzbaren Regeln sind nicht zuletzt aufgrund ihrer Einfachheit weltweit bekannt und berühmt geworden.

Erfolge erfolgen – die Magie von Ursache und Wirkung

> *Was aber den wahren Erfolg betrifft, gegen den bin*
> *ich nicht im Mindesten gleichgültig; vielmehr ist der*
> *Glaube an denselben immer mein Leitstern bei allen*
> *meinen Arbeiten ...*[228]

Ihr Talent ist die Voraussetzung und Ihr durch Fleiß erworbenes Wissen das Fundament für Ihren Erfolg. Erfolgreich sein – davon träumen viele Menschen. Was heißt das eigentlich genau? Landläufig wird darunter verstanden, dass jemand ein Ziel definiert und es durch konstruktives Handeln erreicht.

Wenn wir etwas tiefer schürfen und uns den Wortursprung genauer anschauen, dann zeigt sich: Erfolg ist schlicht etwas, das erfolgt. Zu Goethes Zeiten wurde Erfolg auch als Folge einer Ursache beschrieben, wie eine seiner Übersetzungen aus dem Italienischen ins Deutsche zeigt:

> *... er kam darauf in den Palast, wo er dem*
> *Kardinal begegnete, der ihm den ganzen Erfolg*
> *erzählte, ...*[229]

Erfolg ist nach dieser ursprünglichen Definition eine wertfreie Betrachtung eines Ergebnisses, das einer Ursache folgt. So betrachtet gibt es keinen Misserfolg, sondern immer nur Erfolg, der manchmal einfach nur anders als gewünscht eintritt: Betrachten Sie diesen (Miss-)Erfolg als Lernhilfe, es beim nächsten Mal besser zu machen.

> *Ein heiterer Tag ist wie ein grauer, wenn wir ihn*
> *ungerührt ansehen.*[230]

Es sind nicht die Dinge selbst, die uns beunruhigen, sondern unsere Beurteilung der Dinge. Der Regen ist, wie er ist; es ist ihm egal, ob wir uns über ihn freuen oder über ihn schimpfen. Eine Situation wirkt also nicht direkt auf unser Verhalten, sondern mittelbar über unseren Glaubenssatz zu dieser Situation. Das lässt sich besonders schön bei Kindern beobachten: Das eine Kind rennt freudig auf einen fremden Hund zu, das andere nimmt heulend Reißaus. Warum? Zwischen der Situation und dem Verhalten steht die Beurteilung der Kinder. Während das eine Kind gute Erfahrungen mit Hunden gesammelt hat und sich denkt „Der ist lieb", ist das andere Kind schon einmal von einem ähnlichen Hund gebissen worden und bewertet die Situation genau entgegengesetzt: „Der ist böse." Zwischen Ursache und Wirkung liegen unsere programmierten Glaubenssätze (siehe Seite 112 ff.), die entscheidenden Einfluss auf unser Verhalten nehmen.

> So war's immer, mein Freund, und so wird's bleiben: die Ohnmacht
> Hat die Regel für sich, aber die Kraft den Erfolg.[231]

Wenn Sie eine überfällige Entscheidung nicht treffen, dann können Sie in diesem Fall auch nichts *machen* – Sie sind im wahrsten Sinne des Wortes *ohnmächtig*. Diese Ohnmacht stellt nur eine Auswirkung der Ursache dar, sich nicht entschieden zu haben, und ist weit verbreitet (mehr zu „Entscheidungen" ab Seite 101).
Packen Sie also die zu erledigenden Dinge kraftvoll und mutig an, nehmen Sie Fehler als wertvolle Zwischenergebnisse ruhig in Kauf: Das sind die natürlichen Ursachen für die Folgeerscheinung Erfolg.

> Es irrt der Mensch so lang er strebt.[232]

Ein großer Hemmschuh auf dem Weg zu Neuerungen in Ihrem Leben ist die Angst vor Fehlern. Weit verbreitet ist der Glaube: „Wenn ich es nicht richtig mache, bin ich ein Versager und die anderen lachen mich aus und zeigen mit dem Finger auf mich."
Dazu sollten Sie wissen, dass die größten Erfindungen der Menschheitsgeschichte wie beispielsweise die Glühbirne das Ergebnis un-

zähliger Fehlversuche waren. Allerdings hatten die Erfinder stets den Ehrgeiz, so lange zu experimentieren, bis sie es trotz der vielen Misserfolge schafften.

Wenn Sie merken, dass Sie einen Fehler gemacht haben, unternehmen Sie unverzüglich etwas, um ihn zu korrigieren. Weigern Sie sich allerdings, nur aufgrund von Fehlern aufzugeben, und lernen Sie, an ihnen zu wachsen: Betrachten Sie sie einfach als Lernerfahrungen.

> *Mich ergreift, ich weiß nicht wie,*
> *Himmlisches Behagen.*[233]

Nichts ist erfolgreicher als der Erfolg: Messen Sie Ihrem persönlichen Erfolg die höchste Bedeutung bei, machen Sie ihn wichtig! Glauben Sie an sich und an Ihren Erfolg. Machen Sie den Glauben an ihn zu Ihrem Leitstern bei all Ihrem Handeln!

Gott würfelt nicht[234] –
wie Ihnen der Zufall zufällt

> *Zufälle nennt man in der Natur, was beim*
> *Menschen Freiheit heißen würde, nämlich Ereignisse*
> *eines Notwendigen in Absicht der Folgen …*[235]

„Es gibt keinen Zufall", das wusste auch Goethes Freund Friedrich Schiller[236]. Anders formuliert heißt das: Alles, was geschieht, hat eine Ursache, einen Grund. Häufig können wir Menschen diese Ursache nicht erkennen und glauben daher an einen Zufall des Schicksals. Diejenigen, die sich etwas näher mit diesem Thema beschäftigen, kommen zu der weisen Erkenntnis, dass alles Geschehen auf der Gesetzmäßigkeit von Ursache und Wirkung beruht. Der Schweizer Erfolgsautor René Egli etwa hat diesen Zusammenhang als „Gesetz von Aktion und Reaktion" bezeichnet: Der Zufall ist eine gut getarnte Notwendigkeit.

Alles, was wir tun, hat eine Folge.[237]

Das wohl wichtigste Lebensgesetz für uns Menschen lautet „Ursache und Wirkung". Es besagt, dass jedem Auslöser eine Auswirkung folgt. Ob Sie beruflich durchstarten oder auf dem Abstellgleis stehen, ob Sie eine tiefe Liebe mit Ihrem Partner verbindet oder ob er Ihnen weggelaufen ist: Jede Lebenslage ist eine Wirkung, die Sie verursacht haben – es gibt keinen Zufall. Sie zeichnen mit dem, was Sie tun, und mit dem, was Sie unterlassen, verantwortlich für Ihr gesamtes Leben.

> *Da wir nun überall Taten sehen, so sehen wir nicht*
> *Ursache und Wirkung allein oder besonders, sondern*
> *nur ihre Summe, nicht die Faktoren, sondern das*
> *Fazit.*[238]

Dinge, die wir nicht erklären können, nennen wir ganz allgemein Zufall. Von einer höheren Warte aus betrachtet ist der Zufall eine logische Wirkung auf eine Ursache, die wir selbst gesetzt haben. René Egli beschreibt diesen Mechanismus in einem einprägsamen Gleichnis:
Bauern sind sehr weise. Sie wissen: Möchten sie Weizen ernten, dann müssen sie Weizen säen. Ein Bauer freut sich über den wachsenden Weizen, nie würde er zu schimpfen beginnen und Roggen fordern. Er weiß ja, dass er dafür Roggen hätte säen müssen. Viele denken, sie müssten erst einmal selbst erfolgreich sein, um dann auch anderen ein wenig Erfolg zu wünschen, aber so geht es nicht. Die Landwirte zeigen uns, wie es funktioniert, und das können wir auch auf das Leben übertragen: Wenn Sie Erfolg möchten, dann überlassen Sie ihn nicht dem Zufall: Säen Sie Erfolg, indem Sie allen, die Ihnen begegnen, auch Erfolg wünschen.
Machen Sie sich diesen Zusammenhang für Ihr Berufs- und Privatleben zunutze, dann erfahren Sie einen enormen Fortschritt.

Mehl kann man nicht säen.[239]

Viele Manager scheinen das einfache Gesetz von Aussaat und Ernte nicht zu kennen. Sie möchten gern große Erfolge ernten, obwohl sie Druck und mangelnde Anerkennung säen. Und wundern sich dann, dass sie von ihren Mitarbeitern nur Arbeit nach Vorschrift ernten.

Da also jeder Ernte die Saat vorausgeht, muss jeder Veränderung Ihrer Situation – ob in der Familie oder im Beruf – eine Änderung Ihrer Taten, Ihres Handelns vorausgehen: Aufrichtige Anerkennung säen, Leistung ernten – und dann die Leistung in Unternehmenserfolg umwandeln.

Es bleibt daher wohl nichts weiter übrig, als zu tun, was unsere Vorfahren getan haben: nicht zu handeln und zu beobachten ohne zu denken, und nicht zu denken ohne zu handeln und zu beobachten; ja, uns so zu gewöhnen, dass unsere ganze Natur, mit allen ihren Fähigkeiten, zusammen und einzeln, so gut es nur gehen mag, wirken könne.[240]

Sie können die Welt nicht ändern; sie ist, wie sie ist. Was Sie ändern können, ist Ihr Denken, das Ihrem Handeln vorausgeht: Möchten Sie eine Situation ändern, dann ändern Sie erstens Ihre Gedanken und danach zweitens Ihre Taten. Nach dem Gesetz von Ursache und Wirkung wird die Gedankenenergie, die Sie aussenden, zu Ihnen zurückkehren. Angstvolle Gedanken lassen Sie alles abwägen und nichts wagen, mutige Gedanken lassen Sie kraftvoll handeln und erfolgreich sein – es gibt keinen Zufall, es gibt nur Aussaat und Ernte.

Die Kraft der Motivation

Begeisterung ist keine Heringsware,
Die man einpökelt auf einige Jahre.[241]

Dauerhaft motivierte Mitarbeiter stellen das A und O für den Unternehmenserfolg dar. Zufriedene und ausgeglichene Mitarbeiter sind weniger krank, leistungsfähiger und engagieren sich für ihr

Unternehmen. Aus diesem Grund wurde in den letzten 40 Jahren das Phänomen Motivation detailliert erforscht – mit dem Ergebnis, dass weder mangelnde Selbstdisziplin noch andauernder Druck verantwortlich sind für motiviertes Verhalten.

> *Wenn man sich nur bewegt, andere in Bewegung bringt, so fügt sich gar manches schön und gut.*[242]

Was bedeutet eigentlich Motivation und wie können Sie sich und Ihr Umfeld motivieren? Sinngemäß übersetzt heißt Motivation in etwa „auf ein Ziel hinbewegen". Jeder Mensch findet diese innere Kraft in sich angelegt, die ihn bewegt und antreibt, aktiv handelnd auf ein angestrebtes Ziel zuzugehen.

Lust und Unlust: Das Schmerz-Freude-Prinzip

> *Alles geben Götter, die unendlichen,*
> *Ihren Lieblingen ganz,*
> *Alle Freuden, die unendlichen,*
> *Alle Schmerzen, die unendlichen, ganz.*[243]

Warum treiben uns bestimmte Dinge an und warum bremsen uns andere aus? Welches genau sind die Ursachen für Motivation und Demotivation?

Tief in jedem Menschen stecken zwei Hauptantriebe, die unser Überleben sichern: Wir möchten Schmerz vermeiden und Freude erlangen.

Alles, was Sie tun und lassen, hat seinen Ursprung in diesem Schmerz-Freude-Prinzip.

Wir Menschen unterscheiden uns nur darin, was wir als Schmerz oder Freude ansehen: Der eine liebt Sahnetorte und verbindet damit große Freude, weil sie so köstlich süß und lecker schmeckt. Der andere empfindet schon bei dem Gedanken an Sahnetorte Schmerzen, weil sie fett und hässlich macht.

... der Mensch durch alle Zustände befestigt
sich gegen die Natur, ihre tausendfachen Übel
zu vermeiden und nur das Maß von Gutem zu
genießen ...[244]

Dinge, die den Menschen Angst machen und Schmerzen bereiten, möchten sie vermeiden. Negative Erfahrungen wie Autounfälle, Trennungen oder Arbeitsplatzverlust werden im Unterbewusstsein als Programm abgespeichert, zum Beispiel als „Autounfall-vermeiden-Programm". Je intensiver ein Mensch einen Autounfall miterlebt, desto nachdrücklicher ist die dabei entstandene Programmierung und desto nachhaltiger ändert er sein Verhalten, indem er zum Beispiel langsamer und defensiver fährt. Sobald also eine vergleichbare unangenehme Situation droht, meldet sich das „Programm" und sorgt dafür, dass er sich von ihr fortbewegt.

Das, was der Mensch an sich bemerkt und fühlt,
scheint mir der geringste Teil seines Daseins. Es fällt
ihm mehr auf, was ihm fehlt, als das, was er besitzt.
Er bemerkt mehr, was ihn ängstigt, als das, was ihn
ergötzt und seine Seele erweitert ...[245]

Viele Menschen sind sogenannte „Weg-von-Typen": Sie können detailliert ihre eigenen Probleme und die der anderen beschreiben. Ängste aller Art und wie man sie sich wieder vom Hals schafft sind ihr Steckenpferd. Was sie nicht wollen, wissen sie sehr genau. Ziele haben dagegen die wenigsten von ihnen. Typisch ist ihre Angewohnheit, erst „kurz vor der Angst", wenn nämlich „der Kittel brennt", zu handeln.
Wie aber gehen Sie nun idealerweise mit diesen Menschen um? „Weg-von-Typen" können Sie mit Endterminen zum Handeln motivieren, sie reagieren eher auf leichten Druck als auf Anreize.

... Lust und Liebe sind die Fittiche
Zu großen Taten.[246]

Das Gegenteil der „Weg-von-Typen" stellen die „Hin-zu-Typen" dar: Auf Dinge, die ihnen Spaß machen, gehen sie zu. Positive Erfahrungen, zum Beispiel Liebe, Beziehung und beruflicher Aufstieg, speichern sie unbewusst als starke Programme ab.

Wie können Sie einen „Hin-zu-Typ" motivieren? Wann immer Sie ihm die Aussicht auf etwas Positives bieten – wenn Sie beispielsweise die Möglichkeit einer Beförderung, die als starker Antrieb wirkt, ansprechen – wird sich der „Hin-zu-Typ" aktiv darauf zubewegen.

... so ist ja eben von diesen Jahren die Rede, die
man nicht in Schmerz und Entbehren, sondern in
Freude und Behagen zubringen will.[247]

Die Natur hat in uns das Schmerz-Freude-Prinzip zur Art- und Selbsterhaltung eingerichtet. Überspitzt formuliert wollen wir den Tod vermeiden und unser Leben erhalten. Welcher dieser beiden Motivatoren ist nun der stärkere?

Gehen Sie zum Zahnarzt, weil Sie strahlend weiße Zähne haben wollen, oder doch eher, um Zahnschmerzen zu vermeiden? Wie oft loben Verkehrspolizisten Sie für Ihr vorbildliches Verhalten im Straßenverkehr und wie oft bekommen Sie ein Knöllchen?

Wir geraten insbesondere in Bewegung, um Schmerzen zu vermeiden! Schmerzen werden als ein äußerst unangenehmes Gefühl wahrgenommen, das Ihr Unterbewusstsein unbedingt verhindern will. Müssen Sie sich zwischen zwei ungünstigen Gefühlen entscheiden, wählen Sie die weniger unangenehme Variante.

Ich will nur erst zu sehn, ob ich aus dem Lob und
Tadel des Publikums was lernen kann.[248]

Sind wir Menschen also dann am stärksten motiviert, wenn wir alles daransetzen, Schmerzen zu vermeiden? Nein! Wir sind es dann, wenn wir sowohl Schmerzen vermeiden als auch Freude erlangen wollen. Erreichen oder übertreffen Sie kontinuierlich Ihre Umsatzzahlen, dann heißt das konkret: Sie fühlen sich gut, wenn es wieder einmal geklappt hat, aber es geht Ihnen regelrecht schlecht, wenn Ihre Zahlen im Keller sind. Im Verkauf gibt es genügend Standardmitarbeiter, die aus Angst vor Sanktionen gerade mal ihre Umsätze erreichen und dann mangels innerem Antrieb nicht bereit sind, einen einzigen Handschlag mehr zu tun.

Die bewährte Motivationsformel lautet: Sie und Ihr Unternehmen laufen zur Höchstform auf, wenn Sie sich und Ihr Umfeld nicht nur bei verfehlten Zielen konstruktiv kritisieren, sondern auch im Erfolgsfall loben und belohnen. Kurzum: Setzen Sie ganz galant Lob und Tadel, Zuckerbrot und Peitsche ein.

Die Motivation aus Ihrem Inneren

Niemand weiß, wie weit seine Kräfte gehen, bis er sie versucht hat.[249]

Kennen Sie Cliff Young? Cliff Young nahm im Jahr 1983 als 61-Jähriger am sage und schreibe 875 Kilometer langen Ultramarathon von Sydney nach Melbourne teil.

Anstelle von Laufschuhen hatte er schwere Stiefel an, war der älteste Teilnehmer und ein Amateur unter den vielen Laufprofis: Die Zuschauer und Organisatoren gaben ihm natürlich nicht den Hauch einer Chance, erkannten allerdings seinen Sportsgeist an und ließen ihn mitlaufen.

Direkt nach dem Start fiel Cliff Young deutlich zurück, am Ende des ersten Tages hatte er viele Meilen Rückstand auf die Erstplatzierten. Als diese am nächsten Tag starteten, hatte Cliff Young jedoch einen Vorsprung: Er war die ganze Nacht durchgelaufen. Auch am nächsten Tag und an den darauf folgenden Tagen lief er wieder bis auf eine Stunde Schlaf durch, während die Profis fünf Stunden schliefen. Cliff Young gewann den Ultramarathon von Sydney nach Melbourne nach fünf Tagen und 15 Stunden mit dem unglaublichen Vorsprung von eineinhalb Tagen vor dem Zweitplazierten.

Wie lässt sich so ein Phänomen erklären? Die Laufprofis glaubten den damals aktuellen wissenschaftlichen Erkenntnissen, nach denen sie sich täglich eine Stunde massieren lassen und fünf Stunden pro Nacht schlafen sollten, um das Rennen zu gewinnen. Cliff Young wusste dies nicht – er wollte einfach alles geben und das Rennen gewinnen, egal wie. Zu seinem Glück war er frei von den einschränkenden Glaubenssätzen der anderen Teilnehmer und wendete unbewusst mit seiner Technik „Langsam laufen, wenig schlafen" deutlich weniger Energie auf als die Profis.

Mit andern kann man sich belehren,
Begeistert wird man nur allein.[250]

Ihre Beweggründe, ein Ziel zu erreichen, sind die Basis Ihrer Motivation. Aus diesen Motiven entspringt Ihr Antrieb, ein bestimmtes Ziel zu erreichen. Gehen Sie leidenschaftlich gern am Strand spazieren, sind Sie intrinsisch motiviert: Ihre Motivation kommt von innen heraus. Eine Gehaltserhöhung vom Chef aktiviert Sie, mehr zu leisten: Sie sind dann extrinsisch motiviert, die Motivation kommt von außen.

Freuen Sie sich eher auf den kommenden Arbeitstag oder doch mehr auf den kommenden Urlaub? Falls Sie jetzt „Urlaub" gedacht haben, zeigt Ihnen dies die Macht des inneren Antriebs: Äußere Motivation aktiviert nur begrenzt zum Handeln, wahre Motivation kommt von innen.

Was man nicht liebt, kann man nicht machen.
Da ging mir ein Licht auf, und ich sah recht gut ein,
daß ich die Arbeit bisher als ein Geschäft behandelt
hatte ...[251]

Dinge, die Sie ohne Lust und Freude tun und die Sie nicht überzeugen, kosten nur Kraft und wirken frustrierend: Eine Arbeit, die Sie nur noch aus Gewohnheit erledigen oder gar als Qual empfinden, schadet Ihnen und Ihrem Unternehmen. Alles, was über einen längeren Zeitraum mehr Kraft kostet, als es bringt, lassen Sie besser los – das gilt auch für Beziehungen!

Lust, Freude, Teilnahme an den Dingen ist das einzige Reelle, und was wieder Realität hervorbringt, alles andere ist eitel und vereitelt nur.[252]

Immer wenn Sie von etwas begeistert sind, gehen Ihnen die Dinge leicht und schnell von der Hand. Wenn Sie für ein Thema brennen, löst sich Ihr innerer Schweinehund in Luft auf. Ihre Leidenschaft für ein bestimmtes Projekt oder Ziel beflügelt Sie und Sie entwickeln eine ungeheure Ausdauer dafür. Handeln Sie leidenschaftlich von innen heraus, das ist ein wesentlicher Baustein für Ihren beruflichen und privaten Erfolg. Je stärker Ihre Ziele aus Ihrem Herzen kommen, desto schneller erreichen Sie sie. Je klarer Sie das Zielbild vor Augen haben, desto stärker sind Sie motiviert.

Ein Bild sagt mehr als 1.000 Worte

Unser Wollen ist ein Vorausverkünden dessen, was wir unter allen Umständen tun werden.[253]

Im Alter von 13 Jahren bekam Wernher von Braun ein Fernrohr von seiner Mutter geschenkt. Als er damit den Mond betrachtete, stellte er sich vor, wie es wäre, wenn Menschen mit Raketen zum Mond fliegen würden: Der Pionier und Visionär der Raumfahrt fixierte seinen Geist auf ein glasklares Zielbild.
44 Jahre später ging sein langjähriger Traum in Erfüllung: Die federführend von ihm entwickelte Stufenrakete „Saturn V" brachte im Jahr 1969 die „Apollo 11" und damit die ersten Menschen zum Mond.

Unsere Wünsche sind Vorgefühle der Fähigkeiten, die in uns liegen, Vorboten desjenigen, was wir zu leisten im Stande sein werden.
Was wir können und möchten, stellt sich unserer Einbildungskraft außer uns und in der Zukunft dar;

wir fühlen eine Sehnsucht nach dem, was wir schon im Stillen besitzen.

So verwandelt ein leidenschaftliches Vorausergreifen das wahrhaft Mögliche in ein erträumtes Wirkliches.[254]

Was Goethe hier so präzise beschreibt, steht für ein Erfolgsgeheimnis ersten Ranges. Erfolgreiche Menschen verbindet nicht nur, dass sie ihre Ziele klar, konkret und schriftlich fixieren, sie führen sich den gewünschten Endzustand auch bildhaft vor Augen. Diese Gabe, Bilder zu visualisieren (sich Dinge „einzubilden", also in Bildern zu denken), besitzt jeder Mensch.

Das Unterbewusstsein arbeitet bildhaft, das heißt es kann am besten Bilder verarbeiten. In der Werbung ist dieser Zusammenhang bekannt als „Ein Bild sagt mehr als 1.000 Worte".

Wie geht das ganz konkret? Fällt es Ihnen schwer, sich in Gedanken Zielbilder vorzustellen, können Sie sich mit einer Zielcollage helfen: Schneiden Sie – idealerweise gemeinsam mit Ihrem Partner und Ihren Kindern – noch vor Silvester aus alten Zeitungen und Katalogen Bilder und Schlagzeilen aus, die Ihnen gefallen und die gut zu Ihnen passen. Diese Bilder und Schlagzeilen stehen für die Ziele, die Sie im kommenden Jahr erreichen möchten. Gesundheit symbolisieren Sie beispielsweise durch einen Radfahrer, finanziellen Erfolg durch eine Schubkarre mit Goldmünzen. Weitere Bereiche sind Partnerschaft und Familie, beruflicher Erfolg und Werte.

Die anschließend laminierte Collage hängen Sie an einem gut sichtbaren Ort in Ihrer Wohnung oder in Ihrem Haus auf; durch die Bilder werden Sie täglich an Ihre Ziele erinnert und Sie können entsprechend aktiv werden. Die Collage hilft Ihnen, die Vorsätze für das kommende Jahr in die Tat umzusetzen. Sie werden immer wieder aufs Neue feststellen: Es wirkt! Nach und nach gehen auch kleinere und mittelständische Unternehmen dazu über, mit ihren Mitarbeitern in einer kreativen Stunde die Ziele für das nächste Jahr auf diesem phänomenalen Weg zu visualisieren.

Wie bedeutend ist es die Grenzen des menschlichen
Geistes immer näher kennen zu lernen und dabei
immer deutlicher einzusehen, daß man nur desto
mehr verrichten kann, je reiner und sicherer man
das Organ braucht ...[255]

In seiner Zeit als Spitzensportler visualisierte Boris Becker ganz gezielt seine Erfolge und machte diese Technik mit Zitaten wie „Ich war halt mental supergut drauf" populär. Bis heute sind sich die wenigsten über diese insbesondere aus dem Sport bekannte Mentaltechnik im Klaren und noch weniger wenden diese Methode an: Mentales Training bedeutet, sich seine Zukunft im Geist zu formen. Wer dieses „Kopfkino" gezielt einsetzt, hält den Schlüssel für eigene Spitzenleistungen in der Hand: Unser Unterbewusstsein kann nicht zwischen Wirklichem und Vorgestelltem unterscheiden. Die mental erzeugten Bilder werden als real wahrgenommen.

Schaut mit den Augen des Geistes hinan! In euch
lebe die bildende Kraft, die das Schönste, das
Höchste hinauf, über die Sterne das Leben trägt.[256]

Angenommen, ein Key-Account-Manager hat Schwierigkeiten, bei seinen Top-Kunden einen Abschluss zu tätigen. Anstatt zielstrebig bis zum Verkaufsabschluss auf den Kunden fokussiert zu bleiben, verliert er meist schon in der Argumentationsphase den roten Faden. Er führt dann zwar ein angenehmes Gespräch, verlässt den Kunden allerdings meistens ohne konkretes Ergebnis. Aus diesem Grund wendet er sich an einen professionellen Mentaltrainer, der ihn in einen Entspannungszustand versetzt. In diesem Zustand sind die Tore des Unterbewusstseins weit geöffnet und es ist besonders empfänglich für Bilder. Der Trainer beschreibt ein Zielbild oder einen Kurzfilm, in dem beispielsweise der Kunde den Auftrag unterschreibt und anschließend das Geschäft mit einem kräftigen Händedruck besiegelt wird. Dieses Bild nimmt im Kopf des Klienten Gestalt an und er verbindet die Situation mit einem freudigen

Gefühl. Hintergrund: Das Unterbewusstsein reagiert besonders ausgeprägt auf kräftige Bilder und starke Emotionen.

In der nächsten Verkaufssituation entwickelt das abgespeicherte Zielbild seine Kraft. Im Unterbewusstsein sorgt das Bild dafür, dass sich der Key-Account-Manager tatsächlich bis zur Unterschrift zielsicher auf den Kunden konzentriert. Bildhaftes Denken erzeugt wie der auf Seite 122 ff. beschriebene Pygmalion-Effekt eine neue Realität.

So wie ein Hochspringer im Geist immer wieder eine bestimmte Höhe überwindet, so können Sie sich mit Ihren Visualisierungen immer wieder jedes gewünschte Ziel vorstellen. Doch Vorsicht: Mentales Training ist ein äußerst kraftvolles Werkzeug und will wie jede Disziplin geübt sein. Besuchen Sie entsprechende Seminare oder gönnen Sie sich einen Coach, bevor Sie Ihr eigenes Training beginnen.

> *... es wirkt die innere Natur ... des einzelnen Menschen, unbewußt; man verwundert sich zuletzt, man erstaunt über das, was zum Vorschein kommt.*[257]

Häufig werden diese machtvollen Visualisierungen unbewusst eingesetzt, wenn man Schlimmes befürchtet: Nehmen wir mal an, Ihr Partner geht zur Arbeit und hat sich für 19 Uhr zum Abendessen angekündigt. Sie fangen gegen 18 Uhr an zu kochen, decken kurz vor 19 Uhr den Tisch, zünden Kerzen an – und Ihr Partner kommt nicht. 20 Minuten später sind Sie gereizt, weitere 30 Minuten danach nervös: Warum ruft er nicht an? – Es wird doch nichts ... passiert sein? Kurz vor 21 Uhr – Sie wollen gerade die Polizei alarmieren – kommt Ihr Partner gut gelaunt zur Tür herein und sagt: „Hallo Schatz, ist heute ein bisschen später geworden."

> *Ich weiß, daß dem Menschen seine Vorstellungen Wirklichkeiten sind ...*[258]

Wenn positive Ereignisse bevorstehen, wird eher selten visualisiert. Erinnern Sie sich an den letzten Arbeitstag vor Ihrem Urlaub? Ist es nicht verblüffend, zu welchen überragenden Leistungen Sie fähig sind, wenn der Urlaub vor der Tür steht? Schon morgens beim Zähneputzen spielen Sie im Geiste den Tag und die anstehenden Aufgaben durch und spätestens beim Duschen steht Ihr Drehbuch. Danach spulen Sie Ihren Film ab und stellen gegen Feierabend freudig überrascht fest, dass bis auf ein paar Kleinigkeiten alles wie ein Schweizer Uhrwerk funktioniert hat. Einziges Problem: Wenn überhaupt, setzen die meisten Menschen diese Methode immer nur am letzten Tag vor ihrem Urlaub ein. Stellen Sie sich mal vor, Sie würden das tagtäglich machen …

Alles, was Sie über Glück wissen müssen

Glückliche Kinder und Jünglinge wandeln in einer Art von Trunkenheit vor sich hin … Sie sehen die Welt als einen Stoff an, den sie bilden, als einen Vorrat, dessen sie sich bemächtigen sollen.[259]

Kinder machen uns vor, wie das Glücklichsein funktioniert. Sie leben im Hier und Jetzt und gehen ohne Vorurteile an Menschen und Dinge heran. Eine große Neugierde und ein ausgeprägter Eroberungswille sind ihnen angeboren. Etwas Neues zu entdecken, zu erfahren und auszuprobieren ist für sie das höchste Glück.

Sein eigen Glück unter den Händen

Was gibt uns wohl den schönsten Frieden, als frei am eignen Glück zu schmieden.[260]

Ja, was gibt es Schöneres und Befriedigenderes, als sich auf sein eigenes Glücklichsein zu konzentrieren? Jeder Mensch ist ständig auf der Suche nach seinem Glück – was auch immer dies für den Einzelnen bedeuten mag.

Jeder hat sein eigen Glück unter den Händen, wie
der Künstler eine rohe Materie, die er zu einer
Gestalt umbilden will. Aber es ist mit dieser Kunst
wie mit allen; nur die Fähigkeit dazu wird uns
angeboren, sie will gelernt und sorgfältig ausgeübt
sein.[261]

Wie gern wäre jeder tatsächlich seines Glückes Schmied und würde das Glück am liebsten aktiv herbeiführen, manchmal sogar erkaufen.

Doch das Glück lässt sich nicht „dingfest" machen, geschweige denn kaufen. Das begehrte Hochgefühl, der berauschende Glücksmoment, das intensive Flow-Erlebnis, all dies sind flüchtige Erscheinungen. Glück ist ein Zustand, für den man bereit sein muss, den jeder Einzelne erlernen und für sich kultivieren muss.

Die Annahme, dass Glück ein erlernbares Gut ist, stammt vom griechischen Philosophen Aristoteles. Mit der Antike begann das Zeitalter der Philosophie und mit ihr auch die ersten Auffassungen und Lehren über das Glück. Aristippos, Plato, Aristoteles und Epikur waren die ersten Glücksforscher, die eigene Glücksphilosophien entwickelten. So sagte zum Beispiel Aristoteles, dass es der letztendliche Zweck und das höchste Ziel des Menschen sei, glücklich zu leben.

Jeder empfindet Glück anders

Willst du immer weiter schweifen?
Sieh, das Gute liegt so nah.
Lerne nur das Glück ergreifen,
Denn das Glück ist immer da.[262]

Die grundsätzliche Fähigkeit zum Glücklichsein steckt in jedem von uns. Das Problem ist nur, dass wir die Glücksmomente oft gar nicht richtig wahrnehmen. Vor allem dann nicht, wenn sie unspektakulär daherkommen. Aber es gibt viele kleine Dinge, die uns glücklich machen. Sicher können Sie jetzt spontan drei solcher Dinge aufzählen, die Sie glücklich machen.

> *… Mich faßt*
> *Das Glück ganz unerwartet an, und hebt*
> *Mich heftig in die Höhe, dass mir schwindelt.*[263]

Jeder Mensch sehnt sich nach Glücksmomenten, die ihn schwindelig werden lassen. Doch Glück ist nicht gleich Glück. Was für den einen pures Glück bedeutet, ist für den anderen vielleicht eine grauenhafte Vorstellung: Der eine mag glücklich sein, wenn er bis in die tiefe Nacht über einem Projekt brütet, der andere bekommt deswegen ein Magengeschwür. Jeder empfindet Glück eben anders.

> *Vom Eise befreit sind Strom und Bäche*
> *Durch des Frühlings holden, belebenden Blick;*
> *Im Tale grünet Hoffnungsglück …*[264]

Für viele Menschen ist die Erfüllung in der Liebe das höchste Glück. Andere bekommen einen seligen Gesichtsausdruck, wenn im Frühling das Eis schmilzt und die ersten Blumen sprießen. Für wieder andere ist Freiheit das größte Glück – so vorgelebt von „Hans im Glück", dem seine Freiheit mehr wert ist als viel Geld.

> *Einen Regenbogen, der eine Viertelstunde steht, sieht*
> *man nicht mehr an.*[265]

Die Wahrnehmungen, was denn nun Glück bedeutet, sind höchst unterschiedlich. Jeder Mensch mischt sich in seinem Gehirn ganz individuell seinen Glückscocktail aus Sinneseindrücken, Erinnerungen und Gedanken zusammen. Nur eins scheint eindeutig zu sein: Glück ist immer kurz und man kann es nur in kleinen Häppchen genießen. Wäre das Glück ein Dauerzustand, dann würde es uns in kein Hochgefühl mehr versetzen: Ein Regenbogen, der immer am Himmel steht, langweilt uns auf lange Sicht.

Sind Reiche und Lottogewinner
die glücklicheren Menschen?

Nicht ist alles Gold, was gleißt,
Glück nicht alles, was so heißt,
Nicht alles Freude, was so scheint;
Damit hab ich gar manches gemeint. [266]

Sind Reiche die glücklicheren Menschen? Nicht automatisch, haben viele Glücksforscher festgestellt. So fand der amerikanische So-
zialpsychologe Andrew Oswald von der britischen Warwick University in einer Untersuchung heraus, dass Reiche nur unwesentlich
glücklicher sind als andere.
Natürlich gibt es Unangenehmeres als ein dickes Bankkonto. Aber
es wirkt nicht automatisch als Glücksgarantie.

Was ist das höchste Glück des Menschen, als daß wir
das ausführen, was wir als recht und gut einsehen?
daß wir wirklich Herren über die Mittel zu unseren
Zwecken sind? [267]

Reiche Menschen sind nur dann zufriedener als andere, wenn sie
aufgrund ihrer finanziellen Freiheit sich mit dem beschäftigen
können, was ihnen liegt. Das Geld hält ihnen quasi den Rücken
frei, um ihren ureigensten Talenten und Neigungen zu folgen und
in einer Sache völlig aufzugehen.
Für sehr arme Leute, die unter dem Existenzminimum leben, bedeutet Geld natürlich Glück. Sobald allerdings die Grundbedürf-
nisse gesichert sind, hat Geld kaum mehr Auswirkungen auf das
Glückserleben.

Sieh die Menschen an, wie sie nach Glück und
Vergnügen rennen! Ihre Wünsche, ihre Mühe, ihr
Geld jagen rastlos, und wonach? nach dem, was der
Dichter von der Natur erhalten hat, nach dem

Genuß der Welt, nach dem Mitgefühl seiner selbst in
andern, nach einem harmonischen Zusammensein
mit vielen oft unvereinbaren Dingen.[268]

Der Untersuchung der Warwick University zufolge versanken Lottogewinner nach kurzer Euphorie in Trübsinn. Drei Jahre nach dem Geldregen überstieg die Zahl der Depressiven unter ihnen den Durchschnitt der Bevölkerung. Weitere Studien bestätigen dieses Ergebnis.

Warum macht (viel) Geld nicht glücklich? Weil sich Glück nicht auf der materiellen Ebene abspielt, sondern in anderen, nicht materiellen Ausprägungen auftritt.

Glücksforscher vermuten, dass wir uns sehr schnell an einen Zustand gewöhnen, wenn bestimmte Mindestbedürfnisse befriedigt sind. Professor Andrew Oswald meint, Geld, zum Beispiel durch einen Lottogewinn, führe zu einer tiefen Enttäuschung darüber, dass die Erfüllung materieller Wünsche weder Erleichterung noch Frieden zur Folge hat, ja nicht einmal das Gefühl von Sicherheit. Infolgedessen kommt es zu Depressionen.

Innere Einstellung und Ansteckung

Hebt mich das Glück, so bin ich froh
Und sing' in dulci Jubilo;
Senkt sich das Rad und quetscht mich nieder,
So denk' ich: Nun, es hebt sich wieder![269]

Wenn Geld nicht glücklich macht, wie entsteht Glück dann? „Das Glück im Leben ist das Ergebnis deiner Gedanken." Diese bekannte Weisheit stammt von Kaiser Marc Aurel aus dem 2. Jahrhundert nach Christus. Damit dürfte er meinen: Glück und Erfolg sind nicht abhängig von äußeren Einflüssen und Ereignissen, sondern davon, wie wir sie deuten.

Glück ist demnach ein innerer Zustand. Glück können Sie erkennen am Gefühl der inneren Freude und Wärme. Sie können einem Menschen im Gesicht ablesen, wenn er glücklich ist.

Zurück zu Marc Aurel. Seine vielfach von anderen weisen Köpfen bestätigte Weisheit besagt beispielhaft: Wenn Sie „glücklich" denken, werden Sie tendenziell glücklich sein. Wenn Sie dagegen „unglücklich" denken, werden Sie eher unglücklich sein. Also: Mit der richtigen Einstellung ist jeder Tag ein glücklicher Tag (mehr zur „inneren Einstellung" ab Seite 120 ff.)!

Ich dächte, jeder müsse bei sich selber anfangen und zunächst sein eigenes Glück machen, woraus denn zuletzt das Glück des Ganzen unfehlbar entstehen wird.[270]

Glück ist ansteckend und kann sich unter Freunden und Verwandten wellenartig weiterverbreiten: Das ist das Ergebnis einer Langzeitstudie von US-Forschern[271]. Durch diesen Effekt entstehen Ansammlungen von glücklichen oder unglücklichen Menschen in bestimmten geografischen Gebieten oder sozialen Gruppen. Dies zeige, dass Menschen nicht nur selbst für ihre Zufriedenheit verantwortlich seien, erklärten die Forscher. Vielmehr sei das Glück und der gesundheitliche Zustand einer Person von deren Umfeld abhängig.
Sind in Ihrem Umfeld also viele glückliche Menschen, überträgt sich das auch auf Sie. Umgekehrt gilt das natürlich ebenso.

Übrigens habe ich glückliche Menschen kennen lernen, die es nur sind, weil sie ganz sind, auch der Geringste, wenn er ganz ist, kann glücklich und in seiner Art vollkommen sein.[272]

Menschen können nur glücklich sein, wenn sie „ganz" sind. Der bekannte Glücksforscher, Professor Milhaly Csikszentmihalyi, folgt Goethes ganzheitlicher Sichtweise vom Glück. Mit seiner Ansicht, Glück sei erlernbar, steht er zudem in Aristoteles' Tradition. Csikszentmihalyi erforschte ein Glücksphänomen, das er Flow nannte. Damit beschreibt er das völlige Versinken in eine Tätigkeit, die fordert, aber nicht überfordert. Ein Flow-Erlebnis kann uns das

Gefühl vermitteln, eins zu sein mit uns und unserer Umgebung. Da die Aufgabe volle Aufmerksamkeit erfordert, werden wir im hohen Maß selbstvergessen. Alle Bewegungsabläufe werden in harmonischer Einheit durch Körper und Geist mühelos erledigt.

Auch Sie kennen das: wenn Sie sich ganz und gar in eine Aufgabe versenken, scheinbar gar nichts mehr um Sie herum wahrnehmen; wenn Sie das Gefühl für die Zeit verlieren; wenn Sie die Selbst-Aufmerksamkeit nicht mehr mühsam aufrechterhalten müssen; wenn alles von selbst geschieht.

Flow findet sowohl bei rein geistigen Tätigkeiten statt als auch bei Sportarten, in denen man aufgeht und die man beherrscht, zum Beispiel beim Klettern, Segeln, Skifahren, Surfen.

Das Flow-Erlebnis lässt uns Kraft schöpfen und uns weiterentwickeln. Genau dieses persönliche Wachstum spielt für dauerhaftes Glück eine zentrale Rolle.

> *... Das ist der Weisheit letzter Schluß:*
> *Nur der verdient sich Freiheit wie das Leben,*
> *der täglich sie erobern muss.*
> *Und so verbringt, umrungen von Gefahr,*
> *hier Kindheit, Mann und Greis sein tüchtig Jahr.*
> *Solch ein Gewimmel möcht' ich sehn,*
> *auf freiem Grund mit freiem Volke stehn.*
> *Zum Augenblicke dürft' ich sagen:*
> *Verweile doch, du bist so schön!*
> *Es kann die Spur von meinen Erdetagen*
> *nicht in Äonen untergehn. —*
> *Im Vorgefühl von solchem hohen Glück*
> *genieß' ich jetzt den höchsten Augenblick.*[273]

Erblindet und im Angesicht seines Todes hat Goethes Faust eine Vision vom „hohen Glück": Er sieht die ideale Welt vor sich, die ihn und alle anderen Menschen glücklich macht. Da uns immer Risiken wie Krankheit und Arbeitslosigkeit umgeben werden, gilt es sich zu behaupten, das eigene Glück zu schmieden und unsere

Freiheit täglich aufs Neue zu erringen. Das gelingt uns am ehesten, wenn wir „tüchtig" tätig sind. Wir können nur dann unser Bestes geben, wenn wir im Flow sind, wenn jeder leidenschaftlich einer sinnvollen Arbeit nachgeht und das tut, was der Augenblick fordert. Eine sinnvolle, lustvolle und liebevolle Tätigkeit, die auf den eigenen Talenten und Stärken aufbaut und im Lauf des Lebens permanent weiterentwickelt und verfeinert wird: Das Streben nach optimalen Lösungen ist das Fundament für das persönliche Glückserleben jedes Einzelnen, welches zugleich die Basis für das Glück einer freien Gemeinschaft bildet.

Wenn Sie tagtäglich aufs Neue nach dieser Maxime handeln, ist das nicht nur das Sinnvollste, was Sie tun können: Sie werden auch erfahren, was es heißt, glücklich zu sein.

Macht vieles Unmögliche möglich – die Liebe

> *Krone des Lebens,*
> *Glück ohne Ruh,*
> *Liebe, bist du!*[274]

Setzen Sie das Wissen und die Werkzeuge der vorangegangenen Kapitel begeistert in die Tat um, dann führen Sie ein erfolgreiches Leben. Dieses letzte Thema jedoch setzt Ihrem Leben die Krone auf, mit der Sie Ihre Arbeit und Ihr Leben einfach genial meistern können: Wir sprechen hier von der Liebe.

Liebe heißt bedingungslos annehmen

> *Was ist unserem Herzen die Welt ohne Liebe!*
> *Was eine Zauberlaterne ist ohne Licht!*[275]

Im 10. Jahrhundert vor Christus stritten sich zwei Frauen vor dem König Salomo um ein Kind. Beide behaupteten, es handle sich um ihr Kind. Salomo entschied, das Kind mit dem Schwert in zwei

Teile zu schneiden, um jeder Mutter eine Hälfte geben zu können. Da bat die wahre Mutter aus mütterlicher Liebe darum, ihr Kind lebend der anderen zu geben; diese wiederum rief, er möge es zerteilen. Aufgrund des Liebesbeweises der echten Mutter befahl Salomo, das Kind nicht zu töten und ihr zu geben.

Liebe lässt los und gibt ohne Erwartung: Die echte Mutter hört auf ihre innere Stimme und ist bereit, ihr eigenes Kind lieber einer anderen Frau zu geben, als es töten zu lassen. Sie erwartet dafür keinen Dank. Sie akzeptiert, dass ihr eigenes Kind nicht zu ihr zurückkehren wird; sie nimmt die Situation an, wie sie ist – das ist bedingungslose Liebe.

Die Mängel erkennt nur der Lieblose ...[276]

Der Lieblose ist einer, der die Liebe los ist. Nur einer, der nicht (mehr) liebt, kann Mängel entdecken und kritisieren. Der Liebevolle ist einer, der voller Liebe ist. Er kann zwar Mängel entdecken – und sie übersehen, weil er seine Liebe nicht an Bedingungen knüpft, sondern bedingungslos liebt.

Zu lieben heißt, nichts zu bewerten, alles so anzunehmen, wie es gerade kommt. Das gilt natürlich auch für Sie selbst. So, wie es ist, ist es gut, weil es so ist. Das ist wahre Liebe und ein Leben in Freiheit.

Dies gilt ganz grundsätzlich: für Ihren Beruf, Ihre Kunden, Ihre Produkte und Dienstleistungen, Ihre Finanzen, Ihre Beziehungen, Ihre Gesundheit, Ihre Werte – für Ihr ganzes Leben.

Lieben Sie Ihre Gegenwart

Gleich mit jedem Regengusse
Ändert sich dein holdes Tal
Ach, und in dem selben Flusse
Schwimmst du nicht zum zweitenmal.[277]

Nichts bleibt: Alles fließt! Es ist eine nicht nur angenehme, sondern auch nützliche Sichtweise, Ihr Leben als Fluss zu betrachten.

Sie schwimmen von Ihrer Geburt, der Quelle, bis hin zum natürlichen Ziel, Ihrem Tod, der Mündung in den großen Ozean. Diese Perspektive offenbart einige interessante Aspekte:

- Sie können nur einmal in denselben Fluss steigen.
- Die Ufer sind Ihre Rahmenbedingungen, die Naturgesetze, denen Sie unterworfen sind.
- Äußere unveränderbare Einflüsse wie Regenguss und Sonnenschein bringen immer neue Lebenssituationen mit sich, die Sie
  - entweder beklagen und sich damit zum Opfer der Umstände machen oder
  - als gegeben hinnehmen, aus denen Sie das Beste machen und damit als Schöpfer Ihr Leben gestalten.
- Sie sind der Schwimmer und damit dafür verantwortlich, ob Sie
  - sich treiben lassen, dabei an Felsen stoßen und in Strudel geraten oder ob Sie
  - zielorientiert der Mündung entgegenschwimmen und sich dabei die Strömung des Wassers zur unterstützenden Kraft machen.
- Unabhängig von Ihrer Geschwindigkeit sind Sie immer nur einmal an derselben Stelle im Fluss, da Sie immer in Bewegung sind. Sie können weder ein paar Meter zurück noch einige Meter weiter vor, es bleibt Ihnen immer nur die *Gegenwart*, sinnvoll und zielorientiert zu handeln.

Alle Liebe bezieht sich auf Gegenwart ...[278]

Wie im dritten Kapitel ausführlich dargestellt, entscheidet der Augenblick – das Hier und Jetzt – Ihr Leben, weil der Moment die einzige reale Zeiteinheit ist. Sie können in der Vergangenheit nicht mehr und in der Zukunft noch nicht lieben. Stellen Sie keine Fragen nach dem „Warum?" und „Wohin?", lieben und leben Sie jeden einzelnen Augenblick.

Sie erinnern sich gern an Ihre erste Liebe? Einverstanden, allerdings ist es sinnvoller, Ihren Partner jetzt mit einem Kinobesuch zu überraschen. Berichten Sie den Mitarbeitern gern, dass Sie vor acht

Jahren mal im Club der Topverkäufer waren? Völlig in Ordnung, aber es ist nützlicher, heute noch etwas für Ihre aktuellen Verkaufszahlen zu tun. Wird Ihnen ganz mulmig, wenn Sie an die vielen Termine im nächsten Monat denken? Anstatt sich in Ungewissheit und Angst hineinzudenken, ist es klüger, immer nur den nächsten sicheren Schritt zu tun. Anstatt über die drohende Dunkelheit zu jammern, ist es weiser, in diesem Moment ein Licht anzuzünden.

Entzieht euch dem verstorbnen Zeug,
Lebend'ges laßt uns lieben![279]

Die Staatsführung der DDR wollte diese fundamentale Lebensspielregel „Hier und Jetzt" auf dem V. Parteitag der SED im Jahr 1958 außer Kraft setzen und mit einer Art Zeitsprung den westdeutschen Lebensstandard „überholen ohne einzuholen" – also übertreffen, ohne ihn zu erreichen. Das Ergebnis ist bekannt: Wer sein Volk nicht liebt und die Spielregeln des Lebens nicht einhält, wird von ihm des Feldes verwiesen.

Lieben Sie Ihre Arbeit

Wer recht will tun, immer und mit Lust,
Der hege wahre Lieb in Sinn und Brust![280]

„Love it, change it or leave it!" ist das Motto der Amerikaner, wenn es darum geht, eine Entscheidung zu treffen.
Love it – liebe es: Weil Sie in aller Regel mehr Zeit im Büro als zu Hause verbringen, entspricht Ihre berufliche Aufgabe idealerweise Ihren Stärken und Ihrer Leidenschaft, die Sie voll und ganz in Ihre Tätigkeit einbringen, die Sie glücklich macht und die Sie erfüllt. Change it – ändere es: Wenn Sie mit Ihrer Aufgabe nicht mehr richtig zufrieden sind, fragen Sie sich, wie Sie Ihre Situation ändern können. Es gibt auch Aufgaben, die Sie nicht mögen. Können Sie sie trotzdem lieben, wenn Sie sich und Ihre Aufgabe jeden Tag ein wenig weiterentwickeln? Können Sie Widerwillen zum „wieder

wollen" wandeln? Was lieben Sie wirklich? Was können Sie an der Aufgabe verändern? Wie steht Ihr Chef dazu? Auch hier hilft die Frage, was Sie tun würden, wenn Sie wüssten, dass Sie morgen sterben würden.

Leave it – verlasse es: Wenn nichts mehr geht, wenn Sie die Arbeit nur noch tun, weil Sie ja irgendwie Geld verdienen müssen, sinkt der Wirkungsgrad Ihrer Leistung dramatisch. Lieben Sie Ihre Arbeit nicht mehr, dann machen Sie besser etwas anderes und finden Sie eine Aufgabe, die Sie mit Ihrer Leidenschaft erfüllen möchten.

Lieben Sie Ihre Kunden

> *Was wär ich*
> *ohne dich*
> *Freund Publikum?*[281]

Der Schweizer Clown Grock schreibt in seinen Erinnerungen, dass er regelmäßig vor seinen Vorstellungen durch ein Loch des Bühnenvorhangs sein Publikum beobachtete und dabei zu sich selbst sagt: „Mein liebes, liebes Publikum! Ich danke dir, dass du so zahlreich erschienen bist, um mich zu sehen! Ich will auch alles tun, um dich zu erfreuen!"

Grock liebte seine Zuschauer aus der Tiefe seines Herzens. Er empfand Dankbarkeit für sie und wollte die Freude, die er dabei empfand, dem Publikum zurückgeben. Es ging ihm nicht darum, um Kunden zu kämpfen, sondern darum, die Menschen für sich zu gewinnen. Es ist daher kein Wunder, dass eine weltweite Fangemeinde ihn liebte und ihm den Titel „König der Clowns" verlieh.

Lieben Sie Ihren Partner

Und doch, welch Glück, geliebt zu werden,
Und lieben, Götter, welch ein Glück![282]

Viele Menschen sprechen von der Liebe und sind meilenweit von der bedingungslosen Liebe entfernt. Sie möchten mithilfe der Liebe den Partner an sich fesseln. Sie benutzen die Eifersucht, um den Partner fest an sich zu binden. Eifersucht ist besitzergreifend, offenbart mangelnde Selbstsicherheit und wirkt zerstörerisch. Das ist nur eine bedingte Liebe, die auf mittlere und lange Sicht immer scheitern wird.

Bedingungslose Liebe heißt, einfach zu lieben, ohne den anderen festhalten zu wollen, ihm seine Freiheit zu lassen, ihn loszulassen: Das ist der sichere Weg, den Partner für sich zu gewinnen. Bedingungslose Liebe heißt zu geben, ohne etwas dafür bekommen zu müssen. Den Partner so anzunehmen, wie er ist, auch wenn er die Zahnpastatube nie zumacht. Bedingungslose Liebe hört auf die Stimme des Herzens. Echte Liebe liebt selbst dann, wenn sie nicht erwidert wird. Es ist die Liebe selbst, die bereits Glück ist.

Das Leben und Wirken
von Johann Wolfgang von Goethe

1749 Am 28. August wird Johann Wolfgang von Goethe in Frankfurt am Main geboren. Sein Vater Johann Caspar Goethe (1710–1782) ist Jurist, der seinen Beruf jedoch nicht ausübt, da er von den Erträgen seines Vermögens lebt. Catharina Elisabeth Goethe, geborene Textor (1731–1808), seine Mutter, stammt aus einer betuchten Frankfurter Beamtenfamilie. Mit seiner 15 Monate jüngeren Schwester Cornelia verbindet Goethe ein enges Vertrauensverhältnis.

1753 Goethe bekommt von seiner Großmutter zu Weihnachten ein Puppentheater geschenkt, für das er seine ersten Stücke schreibt, die er dann begeistert aufführt.

1755–1756 Besuch einer öffentlichen Schule.

1756–1765 Unterricht vom Vater und einem Hauslehrer, u.a. in fünf Sprachen und mehreren naturwissenschaftlichen Fächern. Goethe lernt neben Cello und Klavier spielen auch reiten, fechten und tanzen. Er liest sehr viel, kann er doch auf die rund 2.000 Bücher umfassende Bibliothek seines Vaters zurückgreifen, die auch das „Volksbuch vom Dr. Faust" enthält.

1765–1768 Auf Wunsch seines Vaters nimmt Goethe ein Jurastudium im weltoffenen Leipzig auf. Er besucht Theateraufführungen und genießt das Leben mit Freunden beim Bier, u.a. in Auerbachs Keller. Es entsteht sein erster Gedichtband „Annette". Im Juli 1768 erkrankt er lebensbedrohlich (wahrscheinlich) an Tuberkulose und kehrt zu seinen Eltern zurück.

1770–1771 Goethe führt sein Studium in Straßburg fort. Er knüpft mehrere persönliche Kontakte und lernt u.a. auch Johann Gottfried Herder kennen, dem er wichtige Impulse für sein folgendes dichterisches Werk verdankt. Auf einem Ausflug lernt er die Pfarrerstochter Friederike Brion kennen und verliebt sich in sie. Es entstehen die „Sesenheimer Lieder" (u.a. mit „Willkommen und Abschied" und „Heideröslein").

1771–1772 Im August 1771 promoviert Goethe zum „Lizenziaten der Rechte". Er arbeitet als Anwalt in Frankfurt und führt in seiner kurzen Laufbahn als Jurist nur 28 Prozesse. Wichtiger ist ihm die Dichtung.

1772 Goethe lebt in Wetzlar und arbeitet von Mai bis September als Praktikant am Reichskammergericht. Er verliebt sich in Charlotte Buff, die Verlobte eines Kollegen. Goethe verlässt Wetzlar wieder in Richtung Frankfurt. Dort beginnt eine produktive Schaffensphase, er beginnt u.a. mit den Arbeiten am Urfaust.

1773 Das Drama „Götz von Berlichingen", das er Ende 1771 geschrieben hat, wird von Goethe im Selbstverlag veröffentlicht. Er trifft sich häufig mit den Dichtern des Sturm und Drang.

1774 Innerhalb von nur vier Wochen schreibt Goethe den äußerst populären Roman „Die Leiden des jungen Werther", der ihn in ganz

Europa berühmt macht. Goethe schreibt Hymnen (u.a. „Prometheus"), Kurzdramen und Dramen wie „Clavigo".

1775	Goethe ist für kurze Zeit mit Lili Schönemann verlobt, die Verlobung wird im Oktober wieder gelöst. Er hält sich für zwei Monate in der Schweiz auf; im November reist er auf Einladung des 18-jährigen Herzogs Karl-August nach Weimar, zu dem ein freundschaftliches Verhältnis entsteht.
1776	Beginn der Freundschaft/Beziehung zur verheirateten Hofdame Charlotte von Stein. Am 11. Juni tritt Goethe in den Staatsdienst des Herzogtums Sachsen-Weimar-Eisenach (mit rund 100.000 Einwohnern) ein und wird „Geheimer Legationsrat". Während der ersten zehn Jahre in Weimar ist Goethe fast ausschließlich staatspolitisch tätig. Er beginnt, Tagebuch zu schreiben, betreibt Studien über Natur, Botanik und Geologie. Er schließt Bekanntschaft mit Wieland, Musäus und Bode. Es erscheint u.a. „Wandrers Nachtlied".
1777	Tod der Schwester Cornelia. Goethe unternimmt eine Harzreise, bei der er den Brocken besteigt. Er schreibt das Gedicht „Harzreise im Winter".
1778	Einziger Aufenthalt in Berlin. Goethe schreibt u.a. das Gedicht „Der Fischer".
1779	Im Januar übernimmt Goethe den Vorsitz der Weimarischen Kriegs- und Wegebaukommission. In dieser Funktion bereist er über Wochen das Land, um die Rekrutierung von Soldaten für die Weimarer Armee zu beaufsichtigen. Darüber hinaus setzt sich Goethe für einen besseren Anschluss des Herzogtums an das Handelsnetz ein. Er schreibt u.a. die „Iphigenie auf Tauris".
1782	Goethe wird in den erblichen Adelsstand erhoben und zum Kammerpräsidenten ernannt, er übernimmt das Amt des Finanzministers. Er arbeitet am Bildungsroman „Wilhelm Meisters Lehrjahre" und schreibt das Gedicht „Der Erlkönig".
1784	Goethe nimmt für sich in Anspruch, den Zwischenkieferknochen (ein Knochen des Gesichtsschädels) entdeckt zu haben, der ein wichtiger Hinweis auf die Verwandtschaft zwischen Mensch und Tier ist; ihm ist zu diesem Zeitpunkt nicht bewusst, dass der Knochen bereits kurz zuvor von anderen Wissenschaftlern beschrieben wurde.
1785	Goethe beginnt mit den botanischen Studien und seinen jährlichen Badereisen nach Karlsbad.
1786–1788	Aufgrund einer Identitätskrise reist Goethe im September heimlich nach Italien ab. Rom, Neapel und Sizilien sind seine wichtigsten Stationen. Mit seiner Abreise wird seine langjährige (wahrscheinlich platonische) Beziehung zu Charlotte von Stein, die ihn förderte und ihm höfische Umgangsformen beibrachte, empfindlich gestört. Rund 2.000 seiner Briefe und Notizen an sie sind Belege dieses innigen Verhältnisses. Erst im Alter finden die beiden zu einer freundschaftlichen Beziehung zurück.

In Italien vollendet er das zwölf Jahre zuvor begonnene Trauerspiel „Egmont" und arbeitet an verschiedenen anderen Werken. Goethe empfindet seine Italienreise als „Wiedergeburt".

1788   Nach seiner Rückkehr nach Weimar erfolgt der Bruch mit Charlotte von Stein. Er lernt Christiane Vulpius kennen und macht sie zu seiner langjährigen Geliebten. Goethe lässt sich von den meisten Regierungsgeschäften entlasten und arbeitet weiter am Faust. Im September begegnet Goethe in Rudolstadt zum ersten Mal Schiller.

1789   Goethe vollendet den „Tasso". Am 25. Dezember wird sein Sohn August geboren (vier weitere Kinder mit Christiane Vulpius sterben jeweils nur einige Tage nach der Geburt). Im Dezember lernt er den Gelehrten, Staatsmann und Naturforscher Wilhelm von Humboldt kennen und schätzen.

1790   Goethe arbeitet den „Faust" um, der Druck erfolgt unter dem Titel „Faust. Ein Fragment". Seine zweite italienische Reise führt Goethe nach Venedig. Goethe beginnt mit Studien und Versuchen zur Farbenlehre. Er bereist mit Herzog Karl August von Juli bis Oktober Schlesien mit Aufenthalten in Breslau und im Riesengebirge.

1791   Goethe leitet das Weimarer Hoftheater (bis 1817). Er fördert das Ensemblespiel und lässt hauptsächlich die eigenen Werke sowie Werke Schillers, Shakespeares, Lessings, Schlegels, Voltaires u.a. aufführen.

1792   Goethe nimmt am Feldzug deutscher und österreichischer Monarchen gegen das jakobinische Frankreich teil. Er verarbeitet seine Kriegserinnerungen in seiner autobiographischen Prosaschrift „Kampagne in Frankreich"

1794   Ein Gespräch über die Urpflanze begründet die tiefe kollegiale Freundschaft und Geistesgemeinschaft mit Schiller, die bis zum Tod Schillers dauert. Durch Schiller ermuntert, schreibt er weiter am ersten Teil des Faust.

1795   Die ersten beiden Bände des Bildungsromans „Wilhelm Meisters Lehrjahre" erscheinen (im darauffolgenden Jahr folgen die Bände drei und vier).

1797   Zusammen mit Schiller gibt Goethe die „Xenien" (satirische Verspaare, die sich gegen den Literaturbetrieb richten) heraus. Mit dem Roman „Hermann und Dorothea" gelingt Goethe erstmals seit dem „Werther" wieder ein Publikumserfolg. Auf Drängen Schillers arbeitet er weiter am „Faust" und schreibt u.a. das Gedicht „Die Schatzgräber".

1799   Carl Friedrich Zelter, ein Musiker und Komponist, schreibt Goethe erstmalig an; es entwickelt sich ein Freundschaft, die bis zu Goethes Tod dauert (nach Zelters Tod erscheint der sechs Bände starke „Briefwechsel zwischen Goethe und Zelter in den Jahren 1796–1832").

1805   Friedrich Schiller stirbt am 9. Mai in Weimar. Goethe verfasst einen Epilog auf Schillers Glocke.

1806   Goethe vollendet den ersten Teil des „Faust" und heiratet Christiane Vulpius. Von nun an begibt sich Goethe bis 1819 jedes Jahr zum Sommerurlaub nach Karlsbad.

1807	Goethe arbeitet in der folgenden Zeit an „Wilhelm Meisters Wanderjahren". Er verliebt sich in die 18-jährige Minna Herzlieb und verarbeitet seine Erlebnisse in seinem letzten Roman „Die Wahlverwandtschaften", der im Jahr 1809 erscheint.
1808	Der erste Teil des „Faust" wird gedruckt. Goethe begegnet auf dem Erfurter Fürstentag Napoleon.
1810	Goethes „Farbenlehre" erscheint.
1811	Goethe vollendet sein autobiographisches Werk „Dichtung und Wahrheit" (insgesamt vier Bände, der vierte Band erscheint erst ein Jahr nach seinem Tod).
1812	Friedrich Wilhelm Riemer, Philologe, wird Hauslehrer im Goetheschen Hause und unterrichtet Goethes Sohn August bis 1808. Er wird Vertrauter Goethes und Mitarbeiter bei der Ausgabe seiner Werke (seine „Mitteilungen über Goethe" sind eine wichtige Quelle der Goetheforschung).
1814	Goethe reist in die Rhein- und Maingegenden und verliebt sich in Frankfurt in Marianne von Willemer; sie wird für kurze Zeit zu seiner Muse und Partnerin in der Dichtung. Er schreibt u.a. Gedichte des „Westöstlichen Divan".
1815	Durch einen Beschluss des Wiener Kongresses wird Sachsen-Weimar-Eisenach zum Großherzogtum. Goethe wird Staatsminister, zu seinen Aufgaben gehört die Oberaufsicht über die Anstalten für Kunst und Wissenschaft.
1816	Christiane von Goethe stirbt am 6. Juni.
1817	Der Reisebericht „Italienische Reise" erscheint in zwei Bänden. Goethe legt die Leitung des Weimarer Hoftheaters nieder und gründet die Schriftenreihen „Zur Naturwissenschaft überhaupt" und „Zur Morphologie".
1819	Die Gedichtsammlung „Westöstlicher Divan" wird veröffentlicht, sie geht zu einem großen Teil auf Goethes Briefwechsel mit Marianne von Willemer zurück.
1821	Johann Peter Eckermann wird von Goethe als Sekretär eingestellt und wird in seinen letzten Jahren sein enger Vertrauter (nach Goethes Tod schreibt er die viel beachteten „Gespräche mit Goethe in den letzten Jahren seines Lebens"). Goethe schreibt die erste Fassung seines Romans „Wilhelm Meisters Wanderjahre".
1823	Goethe hält in Marienbad um die Hand der 18-jährigen Ulrike von Levetzow, sie weist ihn jedoch ab.
1828	Am 14. Juli stirbt Großherzog Carl August.
1829	Goethe vollendet die erweiterte Fassung von „Wilhelm Meisters Wanderjahre". „Faust. Erster Teil" wird in Braunschweig uraufgeführt.
1830	Goethes Sohn August stirbt am 26. Oktober in Rom.
1831	Goethe vollendet „Faust, der Tragödie zweiter Teil".
1832	Am 22. März stirbt Goethe in Weimar mit den Worten „Mehr Licht" (es ist allerdings umstritten, ob er diese Worte tatsächlich gesagt hat) und wird in der dortigen Fürstengruft beigesetzt.

Anmerkungen

Erläuterungen zu den Quellenangaben

- Es wird vorwiegend zitiert nach der „Weimarer Ausgabe" (auch bekannt als „Sophien-Ausgabe"), 133 Bände in 143 Teilbänden, Weimar 1887–1919, und der „Hamburger Ausgabe" in 14 Bänden, Hamburg 1948–1964.
- Bei Gedichten ist der Name des Gedichts angegeben (z.B. Aus dem Gedicht „Erinnerung").
- Bei Gedichtsammlungen sind Buch und ggf. die sprechende Person genannt (z.b. West-östlicher Diwan, Achtes Buch Suleika, Suleika).
- Bei epischen Texten sind Titel, Buch bzw. Teil und Kapitel (Name) genannt (z.b. Wilhelm Meisters Lehrjahre, Sechstes Buch, Bekenntnisse einer schönen Seele).
- Bei Briefen ist dem Empfängername der Hinweis „An ..." vorangestellt (z.b. An Friedrich Johannes Frommann, Weimar, 16. April 1828).
- Bei Gesprächspartnern steht nur der Name (z.b. Eckermann, Gespräche mit Goethe, 18. Mai 1825).
- Bei Theaterstücken ist die Nummer des Aktes, die entsprechende Zeile im Buch, die sprechende Person und der Schauplatz angegeben (z.B. Faust. Der Tragödie zweiter Teil, Vierter Akt, Verszeile 10542, Faust, Auf dem Vorgebirg.
- Hinweis zu „Maximen und Reflexionen": Goethe notierte sich etwa ab dem Jahr 1780 Spruchweisheiten, die später aus dem Nachlass als „Maximen und Reflexionen" zusammenhängend veröffentlicht wurden (zum Teil wurden sie bereits zuvor in den Romanen „Die Wahlverwandtschaften", „Wilhelm Meisters Lehrjahre" und „Wilhelm Meisters Wanderjahre" veröffentlicht).

1   Aus dem Gedicht „Erinnerung", entstanden Ende der 1760er-Jahre, Erstdruck 1769

2   Wilhelm Meisters Lehrjahre, Sechstes Buch, Bekenntnisse einer schönen Seele, Erstdruck 1795–1796

3   West-östlicher Divan, Achtes Buch Suleika, Suleika, entstanden 1814–1819. Erstdruck 1819

4   Umfrage der Personalberatung Heidrick & Struggles unter 1.000 Führungskräften aus dem Jahr 2009

5   An Friedrich Johannes Frommann (Sohn des Buchdruckers, Buchhändlers und Verlegers Carl Friedrich Ernst Frommann, bei dem Goethe insbesondere in den Jahren 1806 und 1807 häufig zu Gast war), Weimar, 16. April 1828

6   Wilhelm Meisters Wanderjahre, Zweites Buch, Betrachtungen im Sinne der Wanderer; Maximen und Reflexionen 47

7   Johann Peter Eckermann, Gespräche mit Goethe, 18. Mai 1825

8   Die Wahlverwandtschaften, Zweiter Teil, Siebentes Kapitel, Erstdruck 1809

9   An Wilhelm von Humboldt, Weimar, 17. März 1832

10 Maximen und Reflexionen 260

11 Faust. Der Tragödie zweiter Teil, Vierter Akt, Verszeile 10542, Faust, Auf dem Vorgebirg, entstanden vor allem zwischen 1797 und 1806. Erstdruck 1808. Uraufführung am 19. Januar 1819 in Braunschweig

12 Johann Peter Eckermann, Gespräche mit Goethe, 13. Dezember 1826

13 Johann Peter Eckermann, Gespräche mit Goethe, 12. Februar 1829

14 Geschichte meines botanischen Studiums, 1831

15 An Carl Ludwig von Knebel, Jena, Anfang April 1810

16 Wilhelm Meisters Wanderjahre, Drittes Buch, Aus Makariens Archiv; Maximen und Reflexionen über Literatur und Ethik 747

17 Aus den Tag- und Jahresheften 1807

18 Maximen und Reflexionen über Naturwissenschaft 1268

19 An Johann Heinrich Voß der Jüngere, Weimar, 22. Juli 1821 (Concept)

20 Wilhelm Meisters Lehrjahre, Fünftes Buch, Zweites Kapitel

21 Wilhelm Meisters Wanderjahre, Erstes Buch, Zwölftes Kapitel, Erstdruck 1821, in erweiterter Form in: Werke, Ausgabe letzter Hand, 1829

22 WDR-Fernsehen, Sendung „Servicezeit: Gesundheit", Sendung vom 10. September 2007

23 Wilhelm Meisters Wanderjahre, Drittes Buch, Neuntes Kapitel

24 Clavigo, Vierter Akt, Carlos zu Clavigo, Clavigos Wohnung, Erstdruck 1774, Uraufführung am 23. August 1774 in Hamburg

25 Aus der Gedichtgruppe „Zahme Xenien III", entstanden überwiegend 1822/23, Erstdruck 1824

26 Johann Peter Eckermann, Gespräche mit Goethe, 20. Oktober 1830

27 Unterhaltungen deutscher Ausgewanderten, Der Prokurator, Erstdruck 1795

28 Aus dem Gedicht „Der Schatzgräber" (aus dem „Balladenjahr" 1797, in dem innerhalb weniger Monate viele der bekanntesten Balladen Goethes und Schillers entstanden)

29 Johann Peter Eckermann, Gespräche mit Goethe, 13. Februar 1829

30 Aus der Gedichtgruppe „Sprichwörtlich"; die Gedichte dieser Gruppe entstanden größtenteils zwischen 1812 und 1814, Erstdruck 1815

31 Faust. Der Tragödie zweiter Teil, Erster Akt, Verszeilen 4853–4854, Marschalk, Saal des Thrones, Kaiserliche Pfalz, entstanden zwischen 1825 und 1831, erste Entwürfe bereits um 1800. Erstdruck 1832. Uraufführung am 4. April 1854 in Hamburg, Uraufführung beider Teile am 6. und 7. Mai 1876 in Weimar

32 Wilhelm Meisters Wanderjahre, Erstes Buch, Zehntes Kapitel

33 Johann Peter Eckermann, Gespräche mit Goethe, 13. Februar 1829

34 Aus der Gedichtgruppe „Zahme Xenien IV", entstanden überwiegend von 1824 bis 1827, zum Teil aber auch schon früher, Erstdruck 1827

35 Aus der Gedichtgruppe „Epigrammatisch": „Wie du mir, so ich Dir"; die nicht genauer datierten Gedichte dieser Gruppe entstanden wahrscheinlich zwischen 1812 und 1814.

36 Aus der Gedichtgruppe „Zahme Xenien III"

37 Aus dem Nachlass, Über Literatur und Leben, Erstdrucke in verschiedenen Zusammenstellungen seit 1833

38 Prolog, Halle, 6. August 1811

39 Nachspiel zu Ifflands Hagestolzen, Zweite Gruppe, Therese, entstanden im Mai 1815

103 Faust. Der Tragödie erster Teil, Verszeile 546, Wagner zu Faust, Nacht

104 Aus den Tag- und Jahresheften 1803

105 Faust. Der Tragödie erster Teil, Verszeilen 534–537, Faust zu Wagner, Nacht

106 Faust. Der Tragödie erster Teil, Verszeile 2835, Mephisto zu Faust, Spaziergang

107 Aus der Gedichtgruppe „Zahme Xenien IV"

108 Hermann und Dorothea, Erster Gesang Kalliope, Schicksal und Anteil

109 Kanzler Friedrich von Müller (hoher Verwaltungsbeamter in Weimar, gehörte zum engeren Freundeskreis Goethes), Unterhaltungen mit Goethe, 24. April 1830

110 Faust. Der Tragödie erster Teil, Verszeile 632–633, Faust, Nacht

111 Friedrich Wilhelm Riemer, Mitteilungen über Goethe, 6. August 1811

112 Lila, Zweiter Akt, Magus zu Lila, Romantische Gegend eines Parks, entstanden 1777

113 Faust. Der Tragödie zweiter Teil, Zweiter Akt, Verszeile 6605, Mephisto, Hochgewölbtes enges gotisches Zimmer

114 Wilhelm Meisters theatralische Sendung, Zweites Buch, Siebentes Kapitel

115 Aus dem Gedicht „Die Geheimnisse"

116 Die Wahlverwandtschaften, Zweiter Teil, Achtzehntes Kapitel

117 Wilhelm Meisters Wanderjahre, Zweites Buch, Betrachtungen im Sinne der Wanderer

118 Die natürliche Tochter, Erster Aufzug, Fünfter Auftritt, Verszeilen 346–349, Eugenie zu König, Dichter Wald, entstanden 1799 bis 1803, Erstdruck 1804, Uraufführung am 2. April 1803 in Weimar

119 Faust. Der Tragödie erster Teil, Verszeilen 2021–2022, Mephisto zu Schüler, Studierzimmer

120 Faust. Der Tragödie erster Teil, Verszeile 2062, Mephisto zu Faust, Studierzimmer

121 Aus der Gedichtgruppe „Zahme Xenien IV": „Bürgerpflicht"

122 Faust. Der Tragödie erster Teil, Verszeilen 214–217, Direktor, Vorspiel auf dem Theater

123 Aus der CD „Adler-Seminar" von Alexander Munke, Live-Mitschnitt vom 7. Juni 2002

124 Aus dem Gedicht „Das Göttliche", entstanden 1783, Erstdruck 1785 ohne Goethes Wissen durch Friedrich Heinrich Jacobi, erster autorisierter Druck 1789

125 monster.de vom 10. Oktober 2007: Der Beitrag „Corporate Responsibility: ‚Edel sei der Mensch'" von Bettina Blaß bezieht sich auf eine Studie zur gelebten Wertekultur von Unternehmen und dem betriebswirtschaftlichen Erfolg von Gregor Schönborn und der Universität Sankt Gallen.

126 Aus den „Schriften zur Literatur": „Über die Entstehung des Festspiels zu Ifflands Andenken"

127 Aus der Gedichtgruppe „Sprichwörtlich"

128 Friederike Brun, 7./9. Juli 1795

129 Faust. Der Tragödie erster Teil, Verszeile 4518, Faust zu Margarethe, Kerker

130 Egmont, Vierter Aufzug, Herzog von Alba zu Silva, Der Culenburgische Palast

165 Faust. Der Tragödie erster Teil, Verszeilen 1908–1909, Mephisto zu Schüler, Studierzimmer
166 Dichtung und Wahrheit, Zweiter Teil, Achtes Buch, entstanden 1811 bis 1812. Erstdruck 1812
167 Dichtung und Wahrheit, Zweiter Teil, Zehntes Buch
168 Wilhelm Meisters Wanderjahre, Zweites Buch, Betrachtungen im Sinne der Wanderer
169 Maximen und Reflexionen 970
170 Elpenor, Erster Aufzug, Erster Auftritt, Verszeile 6, Evadne zu Jungfrau
171 Faust. Der Tragödie erster Teil, Verszeilen 225–226, Direktor, Vorspiel auf dem Theater
172 Wilhelm Meisters Wanderjahre, Drittes Buch, Erstes Kapitel
173 Prolog zum 7. Mai 1791 (Goethe übernahm an diesem Tag die Direktion des neu gegründeten Hoftheaters)
174 Maximen und Reflexionen 912, Aus dem Nachlass, Über Literatur und Leben
175 Aus der Gedichtgruppe „Epigrammatisch": „Lebensgenuß", aus „Wilhelm Meisters Wanderjahre", entstanden um 1821, Erstdruck 1821 ohne Titel
176 Aus der Ballade „Der Schatzgräber"
177 An Sulpiz Boisserée, Weimar, 11. September 1820
178 Wilhelm Meisters theatralische Sendung, Erstes Buch, Siebzehntes Kapitel
179 Die Wahlverwandtschaften, Erster Teil, Sechstes Kapitel
180 Wilhelm Meisters Lehrjahre, Sechstes Buch, Bekenntnisse einer schönen Seele
181 Hermann und Dorothea, Vierter Gesang Euterpe, Mutter und Sohn
182 Die natürliche Tochter, Dritter Aufzug, Erster Auftritt, Verszeilen 1249–1250, Weltgeistlicher zu Sekretär, Vorzimmer des Herzogs
183 Iphigenie auf Tauris, Dritter Aufzug, Dritter Auftritt, Verszeilen 1365–1368, Pylades zu Iphigenie und Orest, vierte und letzte Fassung des Dramas, die erste Fassung entstand 1779, die letzte wurde 1786 vollendet, Erstdruck 1787, Uraufführung der endgültigen Fassung am 7. Januar 1800 in Wien
184 Faust. Der Tragödie erster Teil, Verszeilen 227–230, Direktor, Vorspiel auf dem Theater
185 Wilhelm Meisters Lehrjahre, Sechstes Buch, Bekenntnisse einer schönen Seele
186 stern.de vom 11. September 2005: Beitrag „Kaiser-Jubiläum" (ohne Autorenangabe)
187 Maximen und Reflexionen 970, Aus dem Nachlass, Über Literatur und Leben)
188 Faust. Der Tragödie erster Teil, Verszeilen 2038–2039, Mephisto zu Schüler, Studierzimmer
189 Maximen und Reflexionen 1231
190 Dichtung und Wahrheit, Dritter Teil, Elftes Buch, entstanden 1812 bis 1813, Erstdruck 1814
191 Friedrich Wilhelm Riemer, Mitteilungen über Goethe, 6. August 1811
192 Aus der Gedichtgruppe „Sprichwörtlich"
193 Aus der Gedichtgruppe „Kunst": „Sendschreiben", entstanden 1774, Erstdruck 1776 zusammen mit „Künstlers Abendlied" unter dem Titel „Brief"

Literaturempfehlungen

Birkenbihl, Vera F.: Kommunikationstraining. Moderne Verlagsges. Mvg 2008

Birkenbihl, Vera F.: Stroh im Kopf? Vom Gehirn-Besitzer zum Gehirn-Benutzer. Moderne Verlagsges. Mvg 2007

Christiani, Alexander: Weck den Sieger in dir! In 7 Schritten zu dauerhafter Selbstmotivation. Gabler 2000

Dobel, Richard: Das Lexikon der Goethe-Zitate. Patmos 2002

Egli, René: Das LOL²A-Prinzip, Teil 1: Die Vollkommenheit der Welt. Editions d'Olt 1999

Galal, Marc M.: So überzeugen Sie jeden. Neue Strategien durch „Verkaufshypnose". Bertelsmann 2005

von Goethe, Johann Wolfgang: *Sämtliche Werke, insbesondere Faust, erster Teil*

Hill, Napoleon: Denke nach und werde reich: Die 13 Gesetze des Erfolgs. Ariston 2006

Küstenmacher, Werner Tiki/Seiwert, Lothar J.: Simplify your Life: Einfacher und glücklicher leben. Droemer/Knaur 2008

Lassen, Arthur: Heute ist mein bester Tag. Let-Verlag 2006

Lautenbach, Ernst: Lexikon – Goethe – Zitate: Auslese für das 21. Jahrhundert. Aus Leben und Werk. Iudicium 2004

Seiwert, Lothar: Das Bumerang-Prinzip: Mehr Zeit fürs Glück. Deutscher Taschenbuch Verlag 2004

Tepperwein, Kurt: Erfinde dich neu: 12 Chancen zum privaten und beruflichen Neubeginn. Goldmann 2006

Tracy, Brian/Enkelmann, Nikolaus B.: Der Erfolgs-Navigator. Ohne Stress und Burnout private und berufliche Ziele verwirklichen. Linde 2008

Stichwortverzeichnis

Autoren

Stefan Küthe, Betriebswirt, ist Trainer und Coach für professionelles Verkaufen, Kommunizieren und Führen mit langjähriger Erfahrung im Verkauf und Marketing für renommierte Markenartikler.

Seit 1999 trainiert und begleitet er Verkäufer, Manager und Mitarbeiter für namhafte Unternehmen aus der Industrie, dem Handel und dem Bankensektor. Darüber hinaus hält er als Referent Motivationsvorträge auf Kongressen und Veranstaltungen.

Für weitere Informationen wenden Sie sich bitte an:
Stefan Küthe Training & Coaching
Büro Leipzig
Wiesenring 2
04159 Leipzig
Fon + 49 (0) 341 200 85 97
Fax + 49 (0) 341 200 85 99
info@stefan-kuethe.de
www.stefan-kuethe.de

Monika Schuch, Diplom-Ökonomin, ist selbstständige Redakteurin und Autorin, Verlagsberaterin und Produktmanagerin für Wirtschaftspublikationen.

Für weitere Informationen wenden Sie sich bitte an:
schuch wirtschaftsredaktion
Monika Schuch
Fon + 49 (0) 8031 90 18 404
Fax + 49 (0) 8031 90 18 350
m.spinner-schuch@web.de